会声会影 X10 第2版

实战从入门到精通 228例

龙飞 编著

清华大学出版社
北京

内 容 简 介

通过学习本书，让您完全精通会声会影的剪辑、转场与特效制作，成为视频制作达人！228个精彩实例，帮您步步征服会声会影软件。本书对各种画中画效果制作、各种插件的应用以及各种自定义路径的使用等方法进行了深入的讲解，让用户快速成长为高手！

本书共分20章，内容包括：会声会影X10快速入门、掌握模板与素材的应用、编辑与校正视频画面、剪辑与精修视频画面、运用转场制作视频特效、运用滤镜制作视频特效、运用覆叠制作视频特效、制作视频画中画特效、制作影视字幕特效、制作背景音乐特效、插件的应用、输出上传视频、应用百度网盘、手机视频的拍摄与制作、延时摄影——《落日黄昏》、电商视频——《手机摄影》、情景电影——《爱的缘分》、旅游专题——《俄国之旅》、儿童相册——《金色童年》、婚纱影像——《执子之手》等内容。读者学习后可以融会贯通、举一反三，制作出更多绚丽多彩的视频画面效果。

本书结构清晰、文字简洁，适合于会声会影的初、中级读者阅读，包括广大DV爱好者、数码工作者、影像工作者、数码家庭用户以及视频编辑处理人员，同时也可作为各类计算机培训中心、中职中专、高职高专等院校及相关专业的辅导教材。

本书封面贴有清华大学出版社防伪标签，无标签者不得销售。

版权所有，侵权必究。侵权举报电话：010-62782989　13701121933

图书在版编目(CIP)数据

会声会影X10实战从入门到精通228例 / 龙飞　编著. —2版. —北京：清华大学出版社，2018
ISBN 978-7-302-49950-3

Ⅰ.①会… Ⅱ.①龙… Ⅲ.①视频编辑软件 Ⅳ.①TN94

中国版本图书馆CIP数据核字(2018)第066122号

责任编辑：李　磊
装帧设计：王　晨
责任校对：曹　阳
责任印制：刘海龙

出版发行：清华大学出版社
　　　　　网　　　址：http://www.tup.com.cn，http://www.wqbook.com
　　　　　地　　　址：北京清华大学学研大厦A座　　　　　　　　　邮　　编：100084
　　　　　社 总 机：010-62770175　　　　　　　　　　　　　　　邮　　购：010-62786544
　　　　　投稿与读者服务：010-62776969，c-service@tup.tsinghua.edu.cn
　　　　　质 量 反 馈：010-62772015，zhiliang@tup.tsinghua.edu.cn
印 装 者：三河市铭诚印务有限公司
经　　销：全国新华书店
开　　本：190mm×260mm　　　　　印　　张：17.25　　　　　字　　数：487千字
版　　次：2017年2月第1版　　2018年5月第2版　　　　　印　　次：2018年5月第1次印刷
印　　数：1～3000
定　　价：79.00元

产品编号：078165-01

前 言

1. 软件简介

会声会影是当今比较流行的视频剪辑及后期制作软件之一，在中国有着众多的使用者和追随者，而且随着学习视频制作人数的不断增加，将有越来越多的用户使用会声会影制作视频文件。在会声会影X10软件中可以对视频进行剪辑、添加滤镜、调节色彩、添加特效等操作，这些功能可以帮助读者制作出更加丰富多彩的视频效果。

2. 主要特色

完备的功能查询：工具、按钮、菜单、命令、快捷键、理论、实战演练等应有尽有，内容详细、具体，是一本自学手册。

丰富的案例实战：本书安排了228个精彩实例，对软件的各项功能进行了非常全面、细致的讲解，读者可以边学边用。

细致的操作讲解：920多张图片全程图解，让读者可以掌握软件的核心与各种视频处理的高效技巧。

超值的资源赠送：340分钟所有实例操作重现的视频，560多个与书中同步的素材和效果文件，1100款海量资源超值赠送，为读者学习提供方便。

3. 细节特色

228个技能实例奉献：本书通过大量的技能实例来讲解软件，共计228个，帮助读者在实战演练中逐步掌握软件的核心技能与操作技巧。与同类书相比，读者更能掌握超出同类书大量的实用技能和案例，让学习更加高效。

340分钟语音视频演示：本书中的软件操作技能实例全部录制了带语音讲解的演示视频，时间长度达340分钟（近6个小时），重现了书中所有实例的操作。读者可以结合书本，也可以独立地观看视频演示，像看电影一样进行学习，让学习变得更加轻松。

560多个素材效果奉献：随书附赠资源中包含了380多个素材文件和近180个效果文件。其中素材涉及各类美食、山水风光、情景电影、儿童照片、黄昏视频、专题摄影、旅游照片、婚纱影像、家乡美景、特色建筑以及商业素材等，应有尽有，供读者使用。

920多张图片全程图解：本书采用了920多张图片，对软件的技术、实例的讲解、效果的展示进行了全程式的图解，通过这些大量清晰的图片，让实例的内容变得更加通俗易懂。读者可以一目了然，快速领会，举一反三，制作出更多动听的专业歌曲文件。

1100款超值素材赠送：为了使读者将所学的知识与技能更好地融会贯通应用于实践工作中，本书特别赠送了80款片头片尾模板、110款儿童相册模板、120款标题字幕特效、210款婚纱影像模板、230款视频边框模板、350款画面遮罩图像等，帮助读者快速精通会声会影X10软件的实践操作。

4. 本书内容

篇　章	主　要　内　容
第1~2章	专业讲解了安装会声会影X10、掌握会声会影X10工作界面、掌握新建保存项目的方法、通过会声会影官方网站下载视频模板、从苹果手机中导入素材制作视频、成批转换视频的存储格式等内容。
第3~4章	专业讲解了调整视频的背景声音、分割视频与背景声音、对视频画面进行变形、调整素材画面的亮度、制作人物的快动作播放、分段剪辑视频的多种技巧、多重修整视频画面、使用时间重映射精修视频等内容。
第5~9章	专业讲解了手动添加转场效果、制作画中画转场效果、制作古装老电影特效、无痕迹隐藏视频水印、制作多覆叠画中画特效、制作视频特定遮罩效果、让图像沿着特定轨迹运动、批量制作超长字幕、制作MV字幕特效等内容。
第10~11章	专业讲解了录制电视节目画外音、添加软件自带的自动音乐文件、剪辑音乐的片头和片尾部分、制作音频淡入与淡出特效、使用G滤镜制作文字旋转特效、安装Sayatoo字幕插件、使用ProDAD防抖插件等内容。
第12~14章	专业讲解了输出3D视频文件、怎样选取视频的输出格式、输出视频为AVI并上传至新浪微博、百度网盘的注册与登录、使用手机端上传视频至网盘、手机视频拍摄三大要素、处理视频画面不清晰的问题等内容。
第15~20章	专业讲解了延时摄影——《落日黄昏》、电商视频——《手机摄影》、情景电影——《爱的缘分》、旅游专题——《俄国之旅》、儿童相册——《金色童年》、婚纱影像——《执子之手》等内容，希望读者学完以后可以举一反三，制作出更多专业视频。

5. 作者售后

　　本书由龙飞编著，在成书的过程中，刘华敏、刘胜璋、刘向东、刘松异、刘伟、卢博、周旭阳、袁淑敏、谭中阳、杨端阳、李四华、王力建、柏承能、刘桂花、柏松、谭贤、谭俊杰、徐茜、刘嫔、苏高、柏慧等人也参与了本书的部分编写工作。由于作者知识水平有限，书中难免有疏漏和不足之处，恳请广大读者批评、指正，如果遇到问题，可以与我们联系，作者微信号：157075539，摄影学习号：goutudaquan，视频学习号：flhshy1。

6. 配套资源

　　本书提供了丰富的配套资源，以帮助用户更好地学习会声会影X10的相关知识，具体内容如下。

 素材：提供了本书所涉及的实例素材。

 效果：提供了本书所涉及的实例最终效果文件。

 视频：提供了本书所涉及的实例视频教学文件。

 字体：提供了本书实例中所涉及的字体。

 课件：提供了本书重点内容的PPT教学课件。

 赠送：赠送了丰富的视频制作的相关资料。

编　者

目 录

★ 符号标识的知识点，是本书优异于同类书的极具含金量的技巧。

第11章 发烧最爱：插件的应用   170

第12章 分享作品：输出上传视频   178

第13章 网络存储：应用百度网盘   192

第14章 移动专题：手机视频的拍摄与制作   199

◀ 第15章 ‖ 延时摄影——《落日黄昏》 216

◀ 第16章 ‖ 电商视频——《手机摄影》 224

◀ 第17章 ‖ 情景电影——《爱的缘分》 231

◀ 第18章 ‖ 旅游专题——《俄国之旅》 239

第19章 儿童相册——《金色童年》 247

第20章 婚纱影像——《执子之手》 254

附录 45个会声会影问题解答 261

第1章

基础讲解：会声会影X10 快速入门

学习提示

会声会影X10是Corel公司推出的一款视频编辑软件，也是世界上第一款面向非专业用户的视频编辑软件，它凭着简单方便的操作、丰富的效果和强大的功能，成为家庭DV用户的首选编辑软件。在开始学习这款软件之前，读者应该积累一定的入门知识，这样有助于后面的学习。本章主要介绍会声会影X10的安装、卸载以及工作界面等基础知识。

CLEAR   SUBMIT

本章重点导航

- 实例1 了解会声会影X10的新增功能　　实例4 卸载会声会影X10
- 实例2 安装会声会影X10　　实例5 掌握会声会影X10工作界面
- 实例3 软件无法安装成功如何解决　　实例6 掌握新建保存项目的方法

CLEAR   SUBMIT

实例1　了解会声会影X10的新增功能

　　会声会影X10在会声会影X9的基础上新增了许多功能，如视频轨透明度功能、视频片段组合功能、360视频编辑功能、视频遮罩创建器功能以及重新映射时间功能等。

1. 新增轨透明度功能

　　启用"轨透明度"功能的方法很简单，只需在覆叠轨图标上单击鼠标右键，在弹出的快捷菜单中选择"轨透明度"命令，即可进入轨透明度编辑界面，上下拖曳"阻光度"线条，可以调整覆叠轨中素材的透明度和叠印效果，如图1-1所示。

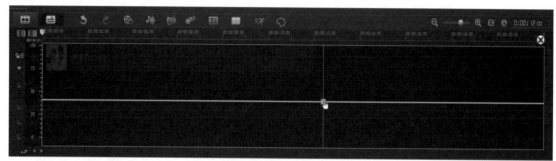

图1-1　进入轨透明度编辑界面

2. 新增视频片段组合功能

　　在会声会影X10的时间轴面板中，用户可以轻松地建立素材群组或取消群组，如图1-2所示，还可以在群组上应用滤镜和其他视频特效。熟练掌握该功能后，可以提高视频的编辑效果。

图1-2　选择"取消分组"命令

3. 新增360视频编辑功能

　　会声会影X10支持360°视频技术，可以让用户在转换影像为标准视频前设定视角，确保观众可以享受360°无死角的最佳视觉体验，用户还可以在电视或者视频播放器上播放用户制作的视频文件。打开"360到标准"对话框，在其中通过调整"平移""倾斜"和"视野"的参数值，可以对视频进行360°编辑和查看，如图1-3所示。

4. 新增重新映射时间功能

　　在会声会影X10中打开"时间重新映射"对话框，如图1-4所示，左侧显示了视频的实时预览画面，在右侧可以调节视频的速度、缓入、缓出、停帧、反转等参数，达到重新映射视频的播放时间和速度的目的。

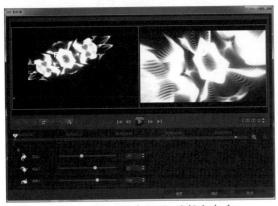

图1-3　对视频进行360°编辑和查看　　　　　　　　图1-4　打开"时间重新映射"对话框

5. 新增遮罩创建器功能

在会声会影X10中使用"遮罩创建器"功能，可以在视频画面的选择区域上应用灰阶、绘画和模糊等特效，还可以使用笔刷和形状工具，定义并微调遮罩的区域，轻松制作出用户需要的遮罩效果，如图1-5所示。

图1-5　使用"遮罩创建器"功能

6. 新增欢迎界面模块功能

在会声会影X10的界面中，最大的变化是新增了一个"欢迎"步骤面板，在该步骤面板中提供了一些需要付费购买的视频模板，用户通过购买这些视频模板，可以制作出非常漂亮、专业的视频画面效果，"欢迎"步骤面板如图1-6所示。

图1-6　"欢迎"步骤面板

实例2 安装会声会影X10

安装会声会影X10之前，用户需要检查一下计算机是否装有低版本的会声会影程序，如果存在，需要将其卸载后再安装新的版本。另外，在安装会声会影X10之前，必须先关闭其他所有应用程序，包括病毒检测程序等，如果其他程序仍在运行，则会影响到会声会影X10的正常安装。下面介绍安装会声会影X10的操作方法。

扫描前言二维码 获取文件资源	素材文件	无
	效果文件	无
	视频文件	视频\第1章\实例2 安装会声会影X10.mp4

步骤 01 将会声会影X10安装程序复制到计算机中，进入安装文件夹，选择Setup安装文件，单击鼠标右键，在弹出的快捷菜单中选择"打开"命令，如图1-7所示。

步骤 02 即可启动会声会影X10安装程序，开始加载软件，并显示加载进度，如图1-8所示。

图1-7 选择"打开"命令　　　　　　　　图1-8 显示加载进度

步骤 03 稍等片刻，进入下一个页面，在其中选中"我接受许可协议中的条款"复选框，如图1-9所示。

步骤 04 单击"下一步"按钮，进入下一个页面，在其中输入软件序列号，如图1-10所示。

步骤 05 输入完成后，单击"下一步"按钮，进入下一个页面，在其中单击"更改"按钮，如图1-11所示。

步骤 06 弹出"浏览文件夹"对话框，在其中选择软件安装的文件夹，如"会声会影X10"文件夹，如图1-12所示。

步骤 07 单击"确定"按钮，返回相应页面，在"文件夹"下方的文本框中显示了软件安装的位置，如图1-13所示。

步骤 08 确认无误后，单击"立刻安装"按钮，开始安装Corel VideoStudio X10软件，并显示安装进度，如图1-14所示。

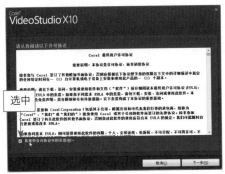

图1-9　选中相应复选框

图1-10　输入软件序列号

图1-11　单击"更改"按钮

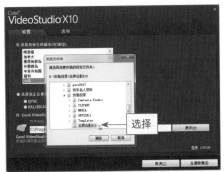

图1-12　选择软件安装的文件夹

图1-13　显示软件安装位置

图1-14　显示安装进度

🔍步骤 09　稍等片刻，待软件安装完成后，进入下一个页面，提示软件已经安装成功，单击"完成"按钮即可完成操作，如图1-15所示。

图1-15　单击"完成"按钮

实例3 软件无法安装成功如何解决

用户在安装会声会影X10的过程中，有时会出现无法安装的情况。下面介绍几种可能出现的问题以及解决办法。

1. 由于注册表未清理干净导致安装失败

在安装过程中，会声会影X10提示安装向导未完成，如图1-16所示。

这是因为用户此前在这台计算机上安装过会声会影软件，用户需要对会声会影的注册表进行清理。单击"开始"|"运行"命令，弹出"运行"对话框，在"打开"文本框中输入regedit，打开"注册表编辑器"窗口，在左侧列表框中展开HKEY_CURRENT_USER | Software选项，在展开的选项组中选择Corel选项，在该选项上单击鼠标右键，在弹出的快捷菜单中选择"删除"命令，在弹出的对话框中单击"是"按钮，即可完成注册表的清理。

2. 由于系统位数不对导致安装失败

安装会声会影X10的过程中，有时会提示版本安装位数不对的情况，如图1-17所示。

图1-16 提示安装向导未完成　　　　图1-17 提示选择相容的32位或64位版本

这是因为用户下载的软件版本与计算机系统位数不兼容，用户只需要重新下载与计算机系统兼容的软件版本即可。用户可以在桌面上选中"计算机"图标，单击鼠标右键，在弹出的快捷菜单中选择"属性"命令，在打开的"系统"窗口中查看系统的位数。

实例4 卸载会声会影X10

在会声会影X10中，用户如果不再需要使用会声会影X10软件了，可以对其进行卸载操作，以提高系统运行速度。下面向读者介绍卸载会声会影X10的方法。

扫描前言二维码获取文件资源	素材文件	无
	效果文件	无
	视频文件	视频\第1章\实例4　卸载会声会影X10.mp4

步骤 01 单击"开始"|"控制面板"命令，打开"控制面板"界面，单击"程序和功能"按钮，如图1-18所示。

步骤 02 打开"程序和功能"界面，选择会声会影X10软件，单击鼠标右键，在弹出的快捷菜单中选择"卸载/更改"命令，如图1-19所示。

图1-18　单击"程序和功能"按钮　　　　图1-19　选择"卸载/更改"命令

步骤 03 在弹出的卸载窗口中，选中"清除Corel VideoStudio Pro X10中的所有个人设置"复选框，单击"删除"按钮，如图1-20所示。

步骤 04 开始卸载会声会影X10，并显示卸载进度，稍等片刻，待软件卸载完成后，提示软件已经卸载成功，单击"完成"按钮，即可完成操作，如图1-21所示。

图1-20　单击"删除"按钮　　　　图1-21　单击"完成"按钮

实例5　掌握会声会影X10工作界面

会声会影X10的工作界面主要包括菜单栏、步骤面板、选项面板、预览窗口、导览面板、素材库以及时间轴面板等，如图1-22所示。

在会声会影X10的工作界面中，各组成部分的含义如下。

菜单栏： 菜单栏位于工作界面的左上方，包括"文件""编辑""工具""设置"和"帮助"5个菜单。

图1-22　会声会影X10工作界面

步骤面板：会声会影X10将视频的编辑过程简化为"捕获""编辑"和"共享"3个步骤，单击步骤面板上相应的标签，可以在不同的步骤之间进行切换。

选项面板：对项目时间轴中选取的素材进行参数设置，根据选中素材的类型和轨道，选项面板中会显示出对应的参数，该面板中的内容将根据步骤面板的不同而有所不同。

导览面板：在预览窗口下方的导览面板上有一排播放控制按钮和功能按钮，用于预览和编辑项目中使用的素材，通过选择导览面板中不同的播放模式，进行播放所选的项目或素材。使用修整栏和滑轨可以对素材进行编辑，将鼠标指针移至按钮或对象上方时会出现提示信息，显示该按钮的名称。

素材库：素材库用于保存和管理各种多媒体素材，素材库中的素材种类主要包括视频、照片、音乐、即时项目、转场、字幕、滤镜、Flash动画及边框效果等。

时间轴面板：时间轴位于整个操作界面的最下方，用于显示项目中包含的所有素材、标题和效果，它是整个项目编辑的关键窗口，在时间轴中允许用户微调效果，并以精确到帧的精度来修改和编辑视频，还可以根据素材在每条轨道上的位置准确地显示故事中事件发生的时间和位置。

实例6　掌握新建保存项目的方法

会声会影X10的项目文件是*.VSP格式的文件，它用来存放制作影片所需要的必要信息，包括视频素材、图像素材、声音文件、背景音乐以及字幕和特效等。下面介绍新建与保存项目文件的操作方法。

扫描前言二维码 获取文件资源	素材文件	无
	效果文件	效果\第1章\枯木黄沙.VSP
	视频文件	视频\第1章\实例6　掌握新建保存项目的方法.mp4

🔍**步骤 01**　进入会声会影X10编辑器，单击菜单栏中的"文件"|"新建项目"命令，如图1-23所示。

🔍**步骤 02**　执行上述操作后，即可新建一个项目文件，单击"显示照片"按钮■，显示软件自带的照片素材，在照片素材库中，选择相应的照片素材，按住鼠标左键拖曳至视频轨中，如图1-24所示。

图1-23 单击"新建项目"命令

图1-24 拖曳至视频轨中

🔍步骤 03 在菜单栏上单击"文件"|"另存为"命令，如图1-25所示。

🔍步骤 04 弹出"另存为"对话框，在其中设置文件的保存位置及文件名称，单击"保存"按钮，即可保存项目文件，如图1-26所示。

图1-25 单击"另存为"命令

图1-26 设置位置和名称

专家提醒

本书采用会声会影X10软件编写，请用户一定要使用同版本软件。直接打开相关资源中的效果文件时，会弹出重新链接素材的提示，如音频、视频、图像素材，甚至提示丢失信息等，这是因为每个用户安装的会声会影X10及素材与效果文件的路径不一致，发生了改变，这属于正常现象，用户只需要将这些素材重新链接素材文件夹中的相应文件，即可链接成功。用户也可以将相关资源拷贝至计算机中，需要某个VSP文件时，第一次链接成功后，就将文件进行保存，后面打开就不需要再重新链接了。

第2章

稳步提升：掌握模板与素材的应用

学习提示

　　会声会影X10是一款功能非常强大的视频编辑软件，提供超过100多种视频编辑功能与效果，可导出多种常见的视频格式，是最常用的视频编辑软件之一。本章主要通过实例为读者展示会声会影模板的添加与删除、视频的捕获导入等内容，希望读者熟练掌握。

🗑 CLEAR　　⬆ SUBMIT

本章重点导航

- 实例7 通过会声会影官方网站下载视频模板
- 实例8 通过"获取更多内容"下载视频模板
- 实例9 通过相关论坛下载视频模板
- 实例10 将模板调入会声会影使用
- 实例11 使用即时项目制作自然风光视频
- 实例12 在模板中删除不需要的素材
- 实例13 用影音快手快速制作影片
- 实例14 从DV设备中导入素材到计算机
- 实例15 从苹果手机中导入素材制作视频
- 实例16 从安卓手机中导入素材制作视频
- 实例17 通过摄像头捕获视频至画面中
- 实例18 成批转换视频的存储格式
- 实例19 使素材按顺序一次性导入时间轴
- 实例20 使用绘图器手绘视频画面
- 实例21 创建视频中的黑屏过渡画面

🗑 CLEAR　　⬆ SUBMIT

实例7 通过会声会影官方网站下载视频模板

通过IE浏览器进入会声会影官方网站，可以免费下载和使用官方网站中提供的视频模板文件。下面介绍下载官方视频模板的操作方法。

扫描前言二维码 获取文件资源	素材文件	无
	效果文件	无
	视频文件	视频\第2章\实例7　通过会声会影官方网站下载视频模板.mp4

步骤 01 打开IE浏览器，进入会声会影官方网站，在上方单击"会声会影下载"标签，进入"会声会影下载"页面，在其中用户可以下载会声会影软件和模板，在页面的右下方单击"会声会影海量素材下载"超链接，如图2-1所示。

步骤 02 执行操作后，打开相应页面，在页面上方位置单击"海量免费模板下载"超链接。执行操作后，打开相应页面，在其中用户可以选择需要的模板进行下载，其中包括电子相册、片头片尾、企业宣传、婚庆模板、节日模板以及生日模板等，这里选择下方的相应预览图。执行操作后，打开相应页面，在其中可以预览需要下载的模板画面效果，如图2-2所示。

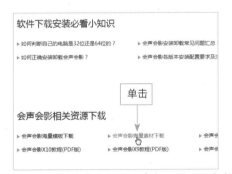
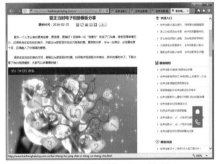

图2-1　单击"会声会影海量素材下载"超链接　　图2-2　预览模板画面效果

步骤 03 滚动至页面的最下方，单击"模板下载地址"右侧的网站地址。执行操作后，进入相应页面，单击上方的"下载"按钮，如图2-3所示。

步骤 04 弹出"文件下载"对话框，单击"普通下载"按钮，如图2-4所示。执行操作后，即可开始下载模板文件，待文件下载完成后，即可获取到需要的视频模板。

图2-3　单击"下载"按钮　　　　　图2-4　单击"普通下载"按钮

实例8 通过"获取更多内容"下载视频模板

会声会影X10提供了"获取更多内容"功能,用户可以使用该功能下载视频模板。下面介绍通过"获取更多内容"功能下载视频模板的方法。

在会声会影X10工作界面中,单击右上方位置的"媒体"按钮,进入"媒体"素材库,单击上方的"获取更多内容"按钮👉,如图2-5所示。即可打开相应模板内容窗口,单击"立即注册"按钮,待用户注册成功后,即可显示多种可供下载的模板文件,如图2-6所示。单击相应的模板文件,即可进行下载操作。

图2-5 单击"获取更多内容"按钮

图2-6 显示模板文件

实例9 通过相关论坛下载视频模板

在互联网中,受欢迎的会声会影论坛和博客有许多,用户可以从这些论坛和博客的相关帖子中下载网友分享的视频模板,一般都是免费提供,不需要付任何费用的。下面以DV视频编辑论坛为例,讲解下载视频模板的方法。

在IE浏览器中,打开DV视频编辑论坛,在网页的上方单击"素材模板下载"标签,如图2-7所示。进入相应页面,在网页的中间显示了可供用户下载的多种会声会影模板文件,单击相应的模板超链接,如图2-8所示,然后在打开的网页中即可下载需要的视频模板。

图2-7 单击"素材模板下载"标签

图2-8 单击相应的模板超链接

实例10　将模板调入会声会影使用

当用户从网上下载会声会影模板后，接下来可以将模板调入会声会影X10中使用。下面介绍将模板调入会声会影X10的操作方法。

在界面的右上方单击"即时项目"按钮，进入"即时项目"素材库，单击上方的"导入一个项目模板"按钮，执行操作后，弹出"选择一个项目模板"对话框，在其中选择用户之前下载好的模板文件，如图2-9所示。

单击"打开"按钮，将模板导入"即时项目"素材库中，可以预览缩略图，在模板上按住鼠标左键拖曳至视频轨中，即可应用即时项目模板，如图2-10所示。

图2-9　选择模板文件

图2-10　应用即时项目模板

实例11　使用即时项目制作自然风光视频

在会声会影X10中，使用即时项目模板可以快速地制作出精美的画面。下面介绍使用即时项目模板制作自然风光视频的方法。

扫描前言二维码 获取文件资源	素材文件	素材\第2章\美丽帆船.jpg
	效果文件	无
	视频文件	视频\第2章\实例11　使用即时项目制作自然风光视频.mp4

🔍步骤 01　在会声会影X10编辑器中，在右上方单击"即时项目"按钮，进入"即时项目"素材库，在其中选择需要的项目模板，并将其拖曳至时间轴的开始位置，如图2-11所示。

🔍步骤 02　选中需要替换的图片文件，单击鼠标右键，在弹出的快捷菜单中选择"替换素材"|"照片"命令，如图2-12所示。

图2-11　拖曳至时间轴的开始位置

图2-12　选择"照片"命令

🔍**步骤** 03 弹出"替换/重新链接素材"对话框,选择相应素材,如图2-13所示。

🔍**步骤** 04 单击"打开"按钮,即可完成素材的替换,并预览画面效果,如图2-14所示。

图2-13 选择相应素材

图2-14 预览画面效果

实例12 在模板中删除不需要的素材

在会声会影X10中,使用即时项目模板制作画面时,有时需要对素材进行删除。下面介绍在模板中删除不需要的素材的方法。

扫描前言二维码 获取文件资源	素材文件	素材\第2章\幸福恋人.VSP
	效果文件	效果\第2章\幸福恋人.VSP
	视频文件	视频\第2章\实例12 在模板中删除不需要的素材.mp4

🔍**步骤** 01 进入会声会影编辑器,打开一个项目文件,如图2-15所示。

🔍**步骤** 02 在预览窗口中可预览打开的项目效果,如图2-16所示。

图2-15 打开项目文件

图2-16 预览项目效果

🔍**步骤** 03 在时间轴中选择需要删除的素材文件,单击鼠标右键,在弹出的快捷菜单中选择"删除"命令,如图2-17所示。

🔍**步骤** 04 执行上述操作后,即可完成对素材文件的删除,在预览窗口中单击"播放"按钮,预览项目效果,如图2-18所示。

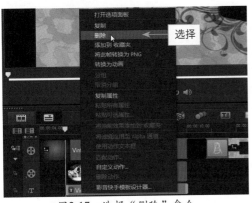

图2-17　选择"删除"命令　　　　　图2-18　预览项目效果

实例13　用影音快手快速制作影片

影音快手在会声会影X10的版本中进行了更新，模板内容更加丰富，该功能非常适合新手，可以让新手快速、方便地制作出视频画面。

扫描前言二维码获取文件资源	素材文件	素材\第2章\树林景色.jpg
	效果文件	效果\第2章\树林景色.mpg
	视频文件	视频\第2章\实例13　用影音快手快速制作影片.mp4

步骤 01 在会声会影X10编辑器中，单击"工具"|"影音快手"命令，即可进入影音快手工作界面，如图2-19所示。

步骤 02 在右侧的"所有主题"列表框中，选择一种视频主题样式，单击第二步中的"添加媒体"按钮，打开相应面板，单击右侧的"添加媒体"按钮，如图2-20所示。

图2-19　进入影音快手工作界面　　　　图2-20　单击"添加媒体"按钮

步骤 03 弹出"添加媒体"对话框，在其中选择需要添加的媒体文件，如图2-21所示。

步骤 04 单击"打开"按钮，将媒体文件添加到"Corel影音快手"界面中，在右侧显示了新增的媒体文件，如图2-22所示，单击第三步中的"保存和共享"按钮，即可输出制作的视频文件。

图2-21 选择媒体文件

图2-22 显示了新增的媒体文件

实例14 从DV设备中导入素材到计算机

在计算机中,用户使用数据线连接DV摄像机与计算机,会弹出一个对话框。在弹出的相应对话框中,单击"浏览文件"按钮,如图2-23所示。

单击"浏览文件"按钮后,会弹出一个详细信息对话框,依次打开DV移动磁盘中的相应文件夹,选择DV中拍摄的视频文件,单击鼠标右键,在弹出的快捷菜单中选择"复制"命令,如图2-24所示,将复制的文件粘贴到计算机中即可。

图2-23 单击"浏览文件"按钮

图2-24 选择"复制"命令

实例15 从苹果手机中导入素材制作视频

iPhone、iPod Touch和iPad使用的是由苹果公司研发的iOS操作系统(前身称为iPhone OS),它是由Apple Darwin的核心发展出来的变体,负责在用户界面上提供平滑顺畅的动画效果。下面向读者介绍从苹果手机中捕获视频的操作方法。

打开"计算机"窗口,在Apple iPhone移动设备上单击鼠标右键,在弹出的快捷菜单中选择"打开"命令,打开苹果移动设备,在其中选择苹果手机的内存文件夹,单击鼠标右键,在弹出的快捷菜单中选择"打开"命令,依次打开相应文件夹,选择苹果手机拍摄的视频文件,单击鼠标右键,在弹出的快捷菜单中选择"复制"命令,如图2-25所示,即可复制视频。

进入"计算机"中的相应盘符,在合适位置上单击鼠标右键,在弹出的快捷菜单中选择"粘贴"命令，执行操作后，即可粘贴复制的视频文件，如图2-26所示。将选择的视频文件拖曳至会声会影编辑器的视频轨中，即可应用苹果手机中的视频文件。

图2-25　选择"复制"命令

图2-26　粘贴复制的视频文件

实例16　从安卓手机中导入素材制作视频

安卓(Android)是一个基于Linux内核的操作系统，是Google公司公布的手机类操作系统。下面向读者介绍从安卓手机中捕获视频素材的操作方法。

在Windows 7的操作系统中，打开"计算机"窗口，在安卓手机的内存磁盘上单击鼠标右键，在弹出的快捷菜单中选择"打开"命令，依次打开手机移动磁盘中的相应文件夹，选择安卓手机拍摄的视频文件，单击鼠标右键，在弹出的快捷菜单中选择"复制"命令，复制视频文件，如图2-27所示。

进入"计算机"中的相应盘符，在合适位置上单击鼠标右键，在弹出的快捷菜单中选择"粘贴"命令，即可粘贴复制的视频文件，如图2-28所示。将选择的视频文件拖曳至会声会影编辑器的视频轨中，即可应用安卓手机中的视频文件。

图2-27　选择"复制"命令

图2-28　复制视频文件

实例17　通过摄像头捕获视频至画面中

在会声会影X10中，用户可以使用摄像头来捕获视频，既方便又快速。下面介绍通过摄像头捕获视频至画面中的方法。

扫描前言二维码 获取文件资源	素材文件	无
	效果文件	无
	视频文件	视频\第2章\实例17 通过摄像头捕获视频至画面中.mp4

🔍 **步骤 01** 进入会声会影编辑器，切换至"捕获"选项卡，单击"捕获"选项面板中的"捕获视频"按钮，如图2-29所示。

🔍 **步骤 02** 在"文件名"文本框中输入需要设置的文件名，在"捕获文件夹"文本框中设置捕获路径，执行上述操作后单击"捕获视频"按钮即可开始捕获视频，如图2-30所示。

图2-29　单击"捕获视频"按钮

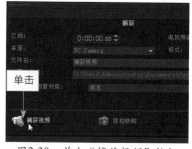

图2-30　单击"捕获视频"按钮

🔍 **步骤 03** 稍等片刻，单击"停止捕获"按钮，即可完成视频捕获，如图2-31所示。

🔍 **步骤 04** 切换至"编辑"选项卡，在时间轴面板中可查看捕获的视频文件，如图2-32所示。

图2-31　单击"停止捕获"按钮

图2-32　查看捕获的视频文件

实例18　成批转换视频的存储格式

在会声会影X10中，用户可以批量转换视频的格式，从而快速完成视频的输出，大量节省了时间，也省去了烦琐的步骤。下面介绍成批转换视频的存储格式的方法。

扫描前言二维码 获取文件资源	素材文件	素材\第2章\运动场.mpg、赛车场.mpg
	效果文件	效果\第2章\运动场.avi、赛车场.avi
	视频文件	视频\实例18 成批转换视频的存储格式.mp4

🔍 **步骤 01** 进入会声会影编辑器，单击"文件"|"成批转换"命令，如图2-33所示。

🔍 **步骤 02** 弹出"成批转换"对话框，单击"添加"按钮，弹出"打开视频文件"对话框，在其中选择相应视频素材文件，单击"打开"按钮，如图2-34所示。

图2-33　单击"成批转换"命令

图2-34　单击"打开"按钮

步骤 03　弹出"成批转换"对话框，单击"保存文件夹"右侧的"浏览"按钮，设置视频文件的保存位置，执行上述操作后，单击"转换"按钮，如图2-35所示。

步骤 04　执行上述操作后，即可开始转换视频文件，待视频转换完成后弹出"任务报告"对话框，单击"确定"按钮，如图2-36所示，即可完成成批转换视频的存储格式。

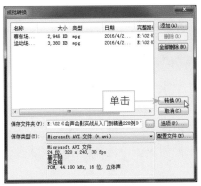

图2-35　单击"转换"按钮

图2-36　单击"确定"按钮

实例19　使素材按顺序一次性导入时间轴

在会声会影X10中，用户可以根据需要按顺序一次性导入视频文件到时间轴。下面介绍直接从文件夹按顺序一次性导入视频文件到时间轴的操作方法。

扫描前言二维码 获取文件资源	素材文件	素材\第2章\图片素材\1.jpg、2.jpg、3.jpg、4.jpg、5.jpg
	效果文件	无
	视频文件	视频\第2章\实例19　使素材按顺序一次性导入时间轴.mp4

步骤 01　在"计算机"窗口中，打开需要导入素材所在的文件夹，先选择最后1个素材文件，这里选择素材5，然后按住【Shift】键的同时，选择最开始的第1个素材文件，这里选择素材1，对素材进行逆向选取，如图2-37所示。

步骤 02　选择素材文件后，用鼠标直接将选择的素材拖曳至会声会影X10的视频轨中，此时素材将按顺序一次性导入视频轨中，如图2-38所示。

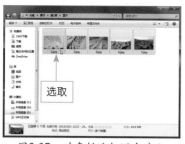

图2-37　对素材进行逆向选取

图2-38　素材将按顺序一次性导入视频轨中

实例20　使用绘图器手绘视频画面

在会声会影X10中，用户可以对绘图创建器中的笔刷进行相应设置，并对其窗口进行调整以及应用其他工具。本实例主要向读者介绍调整蜡笔笔刷样式的属性、应用蜡笔笔刷、清除预览窗口、放大预览窗口、缩小预览窗口以及恢复默认属性等内容。

扫描前言二维码 获取文件资源	素材文件	无
	效果文件	无
	视频文件	视频\第2章\实例20　使用绘图器手绘视频画面.mp4

步骤 01　单击"工具"|"绘图创建器"命令，进入"绘图创建器"窗口，单击左下方的"更改为'动画'或'静态'模式"按钮 ▣▾，在弹出的列表框中选择"动画模式"选项，应用动画模式，如图2-39所示。

步骤 02　在工具栏的右侧单击"开始录制"按钮，如图2-40所示。

图2-39　选择"动画模式"选项

图2-40　单击"开始录制"按钮

步骤 03　开始录制视频文件，运用"画笔"笔刷工具，设置画笔的颜色属性，在预览窗口中绘制一个图形，当用户绘制完成后，单击"停止录制"按钮，如图2-41所示。

步骤 04　执行操作后，即可停止视频的录制，绘制的动态图形即可自动保存到"动画类型"下拉列表框中，在工具栏右侧单击"播放选中的画廊条目"按钮，执行操作后，即可播放录制完成的视频画面，如图2-42所示。

图2-41　单击"停止录制"按钮

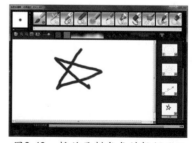

图2-42　播放录制完成的视频画面

实例21　创建视频中的黑屏过渡画面

在会声会影X10中，添加黑屏过渡效果的方法非常简单，只需在黑色和素材之间添加"交叉淡化"转场效果即可。下面介绍添加黑屏过渡效果的操作方法。

扫描前言二维码获取文件资源	素材文件	素材\第2章\幸福相拥.jpg
	效果文件	无
	视频文件	视频\第2章\实例21　创建视频中的黑屏过渡画面.mp4

步骤 01　进入会声会影编辑器，在故事板中插入一幅图像素材，单击"图形"按钮，切换至"图形"选项卡，在"色彩"素材库中选择黑色色块，如图2-43所示。

步骤 02　按住鼠标左键将其拖曳至故事板中的适当位置，添加黑色单色画面，单击"转场"按钮，切换至"转场"选项卡，选择"交叉淡化"转场效果，按住鼠标左键将其拖曳至故事板中的适当位置，添加"交叉淡化"转场效果，如图2-44所示。

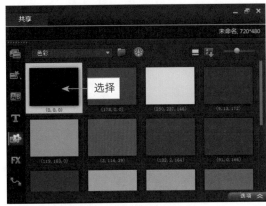
图2-43　选择黑色色块

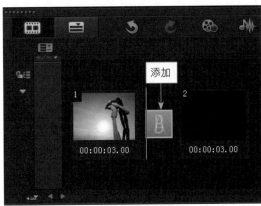
图2-44　添加"交叉淡化"专场效果

步骤 03　执行上述操作后，单击导览面板中的"播放"按钮，预览添加的黑屏过渡效果，如图2-45所示。

图2-45　预览添加的黑屏过渡效果

第3章

快速成长：编辑与校正视频画面

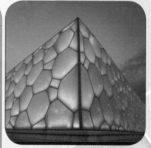

学习提示

在会声会影X10中，用户可以对视频素材进行相应的调整与修整操作，还可以为素材添加摇动和缩放效果，调整素材的亮度、对比度、饱和度，制作视频的快动作与慢动作播放效果等。本章主要向读者介绍常用的视频剪辑和画面校正的方法。

🗑 CLEAR　　⬆ SUBMIT

本章重点导航

- 实例22 设置照片区间长度
- 实例23 组合编辑多个视频片段
- 实例24 反转播放视频画面
- 实例25 调整视频的背景声音
- 实例26 分割视频与背景声音
- 实例27 对视频画面进行变形
- 实例28 调整素材画面的亮度
- 实例29 调整素材画面的对比度
- 实例30 调整素材画面的饱和度

- 实例31 制作画面摇动和缩放效果
- 实例32 调节视频中某段区间的播放速度
- 实例33 制作人物的快动作播放
- 实例34 制作视频画面慢动作播放
- 实例35 调整轨道画面透明度效果
- 实例36 应用360度视频编辑功能
- 实例37 减去视频中的多余部分
- 实例38 制作视频浅景深效果
- 实例39 在视频中制作人物走动的红圈

🗑 CLEAR　　⬆ SUBMIT

实例22　设置照片区间长度

在会声会影X10中，用户可根据需要设置照片素材的区间大小，从而使照片素材的长度或长或短。

扫描前言二维码获取文件资源	素材文件	素材\第3章\沙漠公园.jpg
	效果文件	效果\第3章\沙漠公园.VSP
	视频文件	视频\第3章\实例22　设置照片区间长度.mp4

步骤 01 进入会声会影编辑器，在视频轨中插入一幅照片素材，如图3-1所示。

步骤 02 在"照片"选项面板中，设置"照片区间"为00:00:02:00，如图3-2所示。

图3-1　插入照片素材

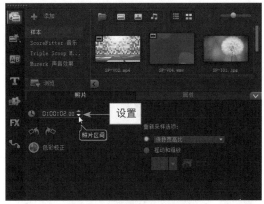

图3-2　设置"照片区间"

步骤 03 按【Enter】键，即可调整照片素材的区间长度，在视频轨中可以查看调整后的素材，如图3-3所示。

步骤 04 执行上述操作后，单击导览面板中的"播放"按钮预览项目效果，如图3-4所示。

图3-3　设置素材的区间长度

图3-4　查看视频素材效果

实例23 组合编辑多个视频片段

在会声会影X10中，用户可以将需要编辑的多个素材进行组合操作，然后可以对组合的素材进行批量编辑，这样可以提高视频剪辑的效率。下面介绍组合多个视频片段的方法。

扫描前言二维码获取文件资源	素材文件	素材\第3章\渔舟唱晚.VSP
	效果文件	效果\第3章\渔舟唱晚.VSP
	视频文件	视频\第3章\实例23 组合编辑多个视频片段.mp4

🔍 **步骤 01** 打开一个项目文件，在视频轨中选择需要组合的多个素材文件，在素材上单击鼠标右键，在弹出的快捷菜单中选择"分组"命令，如图3-5所示。

🔍 **步骤 02** 执行操作后，即可对素材进行组合操作，在"滤镜"素材库中选择"雨点"滤镜，按住鼠标左键将其拖曳至被组合的素材上，添加滤镜效果，如图3-6所示。在导览面板中单击"播放"按钮，即可预览组合编辑后的视频效果。

图3-5 选择"分组"命令　　　　　　　　图3-6 添加滤镜效果

实例24 反转播放视频画面

在电影中经常可以看到物品破碎后又复原的效果，要在会声会影X10中制作出这种效果是非常简单的，用户只要逆向播放一次影片即可。下面向读者介绍反转视频素材的操作方法。

扫描前言二维码获取文件资源	素材文件	素材\第3章\雪地飞驰.VSP
	效果文件	效果\第3章\雪地飞驰.VSP
	视频文件	视频\第3章\实例24 反转播放视频画面.mp4

🔍 **步骤 01** 进入会声会影编辑器，打开一个项目文件，如图3-7示。

🔍 **步骤 02** 单击导览面板中的"播放"按钮，预览时间轴中的视频画面效果，如图3-8所示。

图3-7　打开一个项目文件

图3-8　预览视频效果

🔍 **步骤 03**　在视频轨中选择插入的视频素材，双击视频轨中的视频素材，在"视频"选项面板中选中"反转视频"复选框，如图3-9所示。

🔍 **步骤 04**　执行操作后，即可反转视频素材，单击导览面板中的"播放"按钮，即可在预览窗口中观看视频反转后的效果，如图3-10所示。

图3-9　选中"反转视频"复选框

图3-10　观看视频反转后的效果

实例25　调整视频的背景声音

　　使用会声会影X10对视频素材进行编辑时，为了使视频与背景音乐互相协调，用户可以根据需要对视频素材的声音进行调整。

扫描前言二维码 获取文件资源	素材文件	素材\第3章\夕阳漫步.mpg
	效果文件	效果\第3章\夕阳漫步.VSP
	视频文件	视频\第3章\实例25　调整视频的背景声音.mp4

🔍 **步骤 01**　进入会声会影编辑器，在时间轴面板的视频轨中插入一段视频素材，在导览面板中可以预览视频画面效果，如图3-11所示。

🔍 **步骤 02**　单击"选项"按钮，展开选项面板，在"素材音量"数值框中输入所需的数值，如图3-12所示，按【Enter】键确认，即可调整素材的音量大小。

图3-11 预览视频画面效果

图3-12 输入数值

实例26 分离视频与背景声音

在会声会影X10中进行视频编辑时，有时需要将视频素材的视频部分和音频部分进行分离，然后替换成其他音频或对音频部分做进一步的调整。

扫描前言二维码 获取文件资源	素材文件	素材\第3章\星城之夜.mpg
	效果文件	效果\第3章\星城之夜.VSP
	视频文件	视频\第3章\实例26 分离视频与背景声音.mp4

步骤 01 进入会声会影编辑器，在时间轴面板的视频轨中插入一段视频素材，选择所需分离音频的视频素材，如图3-13所示。

步骤 02 单击鼠标右键，在弹出的快捷菜单中选择"分离音频"命令，即可将视频与音频分离，如图3-14所示。

图3-13 选择需要分离音频的素材

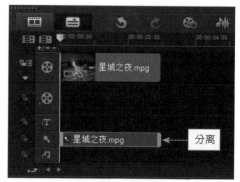

图3-14 分离音频

实例27 对视频画面进行变形

在会声会影X10的视频轨和覆叠轨中的视频素材上，用户都可以将其进行变形操作，如调整视频宽高比、放大视频、缩小视频等。下面介绍在会声会影X10中变形视频素材的操作方法。

扫描前言二维码 获取文件资源	素材文件	素材\第3章\深秋对白.mpg
	效果文件	效果\第3章\深秋对白.VSP
	视频文件	视频\第3章\实例27　对视频画面进行变形.mp4

🔍 **步骤 01** 进入会声会影编辑器，在视频轨中插入一段视频素材，如图3-15所示。

🔍 **步骤 02** 单击"选项"按钮，展开选项面板，并切换至"属性"选项面板，如图3-16所示。

图3-15　插入视频素材

图3-16　切换至属性面板

🔍 **步骤 03** 在"属性"选项面板中，选中"变形素材"复选框，如图3-17所示。

🔍 **步骤 04** 在预览窗口中，拖曳素材四周的拖柄，即可将素材变形成所需的效果，如图3-18所示。

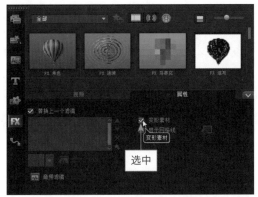
图3-17　选中"变形素材"复选框

图3-18　拖曳素材四周拖柄

实例28　调整素材画面的亮度

在会声会影X10中，当素材亮度过暗或者太亮时，用户可以调整素材的亮度。下面介绍画面亮度的调整方法。

扫描前言二维码 获取文件资源	素材文件	素材\第3章\水立方.jpg
	效果文件	效果\第3章\水立方.VSP
	视频文件	视频\第3章\实例28　调整素材画面的亮度.mp4

步骤 **01** 进入会声会影编辑器,在视频轨中插入一幅图像素材,如图3-19所示。

步骤 **02** 在"照片"选项面板中,单击"色彩校正"按钮,如图3-20所示。

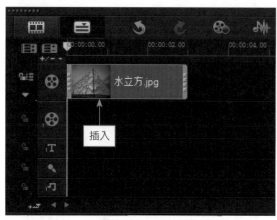

图3-19 插入图像素材

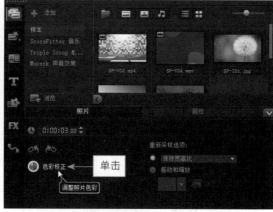

图3-20 单击"色彩校正"按钮

步骤 **03** 进入相应选项面板,拖曳"亮度"右侧的滑块,直至参数显示为16,如图3-21所示。

步骤 **04** 执行上述操作后,在预览窗口中可以预览调整亮度后的效果,如图3-22所示。

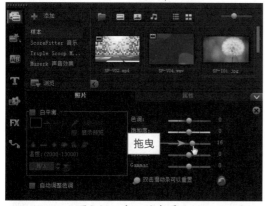

图3-21 向右拖曳滑块

图3-22 调整图像亮度效果

实例29 调整素材画面的对比度

在会声会影X10中,对比度是指图像中阴暗区域最亮的白与最暗的黑之间不同亮度范围的差异。下面介绍调整画面对比度的操作方法。

扫描前言二维码 获取文件资源	素材文件	素材\第3章\一枝独秀.jpg
	效果文件	效果\第3章\一枝独秀.VSP
	视频文件	视频\第3章\实例29 调整素材画面的对比度.mp4

步骤 **01** 进入会声会影编辑器,在视频轨中插入一幅图像素材,如图3-23所示。

步骤 **02** 在预览窗口中可预览插入的图像效果,如图3-24所示。

图3-23　插入图像素材

图3-24　预览图像效果

步骤 03　在"照片"选项面板中，单击"色彩校正"按钮，进入相应选项面板，拖曳"对比度"选项右侧的滑块，直至参数显示为26，如图3-25所示。

步骤 04　执行操作后，在预览窗口中即可预览调整对比度后的图像效果，如图3-26所示。

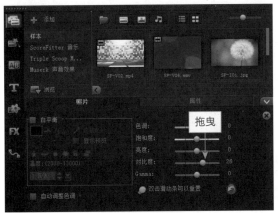

图3-25　拖曳滑块

图3-26　预览图像效果

实例30　调整素材画面的饱和度

在会声会影X10中，使用饱和度功能可以调整整张照片或单个颜色分量的色相、饱和度及亮度值，还可以同步调整照片中所有的颜色。下面介绍画面饱和度的调整方法。

扫描前言二维码 获取文件资源	素材文件	素材\第3章\林中风景.jpg
	效果文件	效果\第3章\林中风景.VSP
	视频文件	视频\第3章\实例30　调整素材画面的饱和度.mp4

步骤 01　进入会声会影编辑器，在视频轨中插入所需的图像素材，如图3-27所示。

步骤 02　在预览窗口中可预览添加的图像素材效果，如图3-28所示。

图3-27 插入图像素材   图3-28 预览图像效果

🔍 步骤 03   在"照片"选项面板中，单击"色彩校正"按钮，进入相应选项面板，拖曳"饱和度"选项右侧的滑块，直至参数显示为30，如图3-29所示。

🔍 步骤 04   执行上述操作后，在预览窗口中即可预览调整饱和度后的图像效果，如图3-30所示。

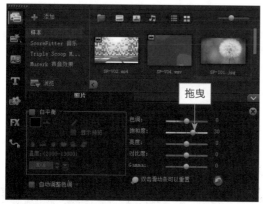

图3-29 拖曳滑块   图3-30 预览图像效果

实例31 制作画面摇动和缩放效果

在会声会影X10中，摇动和缩放效果是针对图像而言的，在时间轴面板中添加图像文件后，即可在选项面板中为图像添加摇动和缩放效果，使静态的图像运动起来，增强画面的视觉感染力。本实例主要向读者介绍为素材添加摇动与缩放效果的操作方法。

扫描前言二维码获取文件资源	素材文件	素材\第3章\精致瓷器.jpg
	效果文件	效果\第3章\精致瓷器.VSP
	视频文件	视频\第3章\实例31 制作画面摇动和缩放效果.mp4

🔍 步骤 01   进入会声会影编辑器，在视频轨中插入一幅图像素材，如图3-31所示。

🔍 步骤 02   单击"编辑"｜"自动摇动和缩放"命令，如图3-32所示。

图3-31　插入图像素材

图3-32　单击"自动摇动和缩放"命令

🔍**步骤 03** 执行操作后，即可添加自动摇动和缩放效果，单击导览面板中的"播放"按钮，即可预览添加的摇动和缩放效果，如图3-33所示。

图3-33　预览添加的摇动和缩放效果

实例32　调节视频中某段区间的播放速度

使用会声会影X10中的"变速"功能，可以使用慢动作唤起视频中的剧情，或使用快动作实现独特的缩时效果。下面介绍运用"变速"功能编辑视频播放速度的操作方法。

扫描前言二维码获取文件资源	素材文件	素材\第3章\夕阳西下.mpg
	效果文件	效果\第3章\夕阳西下.VSP
	视频文件	视频\第3章\实例32　调节视频中某段区间的播放速度.mp4

🔍**步骤 01** 进入会声会影编辑器，在时间轴面板的视频轨中插入一段视频素材，在素材上单击鼠标右键，在弹出的快捷菜单中选择"变速"命令，如图3-34所示。

🔍**步骤 02** 执行操作后，弹出"变速"对话框，在"速度"右侧的数值框中输入400，如图3-35所示为设置第一段区域中的视频以快进的速度进行播放。

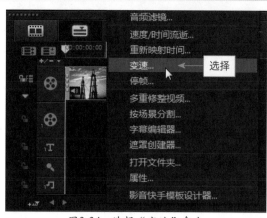

图3-34 选择"变速"命令

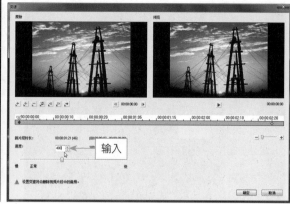

图3-35 在数值框中输入400

步骤 03 在中间的时间轴上，将时间线移至00:00:02:00的位置，单击"添加关键帧"按钮，在时间线位置添加一个关键帧，在"速度"右侧的数值框中输入50，如图3-36所示。

步骤 04 设置完成后，单击"确定"按钮，即可调整视频的播放速度，在导览面板中可以预览视频画面效果，如图3-37所示。

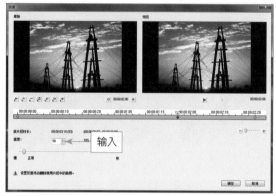

图3-36 在数值框中输入50

图3-37 预览视频画面效果

实例33 制作视频人物的快动作播放

在会声会影X10中，用户可通过设置视频的回放速度，来实现视频人物的快动作效果。

扫描前言二维码获取文件资源	素材文件	素材\第3章\书写画意.mpg
	效果文件	效果\第3章\书写画意.VSP
	视频文件	视频\第3章\实例33 制作视频人物的快动作播放.mp4

步骤 01 进入会声会影编辑器，在视频轨中插入一段视频素材。单击"选项"按钮，展开"视频"选项面板，单击"速度/时间流逝"按钮，如图3-38所示。

步骤 02 弹出"速度/时间流逝"对话框，在"速度"数值框中输入参数为300，如图3-39所示，表示制作视频人物的快动作播放效果。

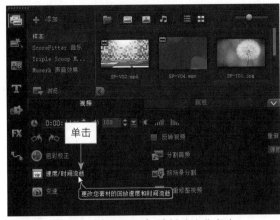 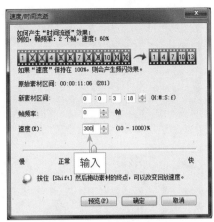

图3-38　单击"速度/时间流逝"按钮　　　　　图3-39　输入参数为300

步骤 03 单击"确定"按钮，即可设置视频以快动作的方式进行播放，在导览面板中单击"播放"按钮，即可预览视频效果，如图3-40所示。

图3-40　预览视频效果

实例34 制作视频画面慢动作播放

在会声会影X10中，用户不仅可以设置快动作，还可通过设置视频的回放速度，来实现慢动作的效果。

扫描前言二维码 获取文件资源	素材文件	素材\第3章\绚丽焰火.mpg
	效果文件	效果\第3章\绚丽焰火.VSP
	视频文件	视频\第3章\实例34　制作视频画面慢动作播放.mp4

步骤 01 进入会声会影编辑器，在时间轴面板的视频轨中插入一段视频素材。单击"选项"按钮，展开"视频"选项面板，单击"速度/时间流逝"按钮，如图3-41所示。

步骤 02 弹出"速度/时间流逝"对话框，在"速度"数值框中输入参数为70，如图3-42所示，表示制作视频的慢动作播放效果。

步骤 03 单击"确定"按钮，即可设置视频以慢动作的方式进行播放，在导览面板中单击"播放"按钮，即可预览视频效果，如图3-43所示。

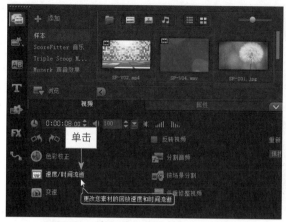

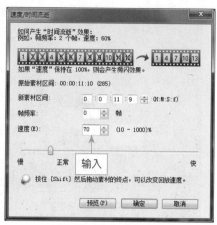

图3-41 单击"速度/时间流逝"按钮 图3-42 输入参数为70

图3-43 预览视频效果

实例35 调整轨道画面透明度效果

"轨透明度"功能是会声会影X10的新增功能,该功能主要用于调整轨道中素材的透明度效果,用户可以使用关键帧对素材的透明度进行控制,制作出画面若深若浅的效果。

扫描前言二维码获取文件资源	素材文件	素材\第3章\对角建筑.jpg
	效果文件	效果\第3章\对角建筑.VSP
	视频文件	视频\第3章\实例35 调整轨道画面透明度效果.mp4

步骤 01 进入会声会影编辑器,打开一个项目文件,在覆叠轨图标上单击鼠标右键,在弹出的快捷菜单中选择"轨透明度"命令,如图3-44所示。

步骤 02 进入轨道编辑界面,最上方的直线代表阻光度的参数位置,左侧是阻光度的数值标尺,将鼠标指针移至直线的最开始位置,向下拖曳直线,直至"阻光度"参数显示为0,如图3-45所示,表示素材目前处于完全透明状态。

步骤 03 在直线右侧合适位置上单击鼠标左键,添加一个"阻光度"关键帧,并向上拖曳关键帧,调整关键帧的位置,直至"阻光度"参数显示为100,表示素材目前处于完全显示状态，如图3-46所示，此时轨道素材淡入特效制作完成。

图3-44　选择"轨透明度"命令

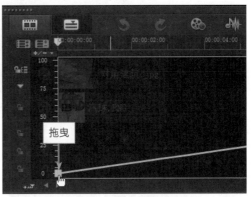

图3-45　向下拖曳直线

步骤 04　用与上同样的方法，在右侧合适的位置再次添加一个"阻光度"参数为100的关键帧，如图3-47所示。

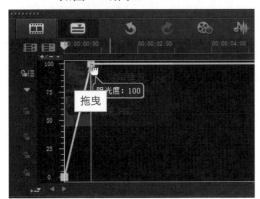

图3-46　向上拖曳关键帧

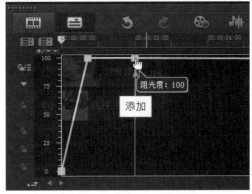

图3-47　再次添加一个关键帧

步骤 05　用与上同样的方法，在右侧合适的位置再次添加一个"阻光度"参数为0的关键帧，表示素材目前处于完全透明状态，如图3-48所示，此时轨道素材淡出特效制作完成。

步骤 06　在时间轴面板的右上方单击"关闭"按钮，如图3-49所示，退出轨透明度编辑状态，完成"轨透明度"的特效制作。

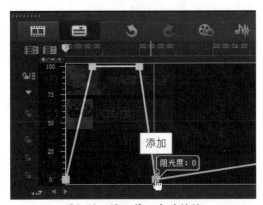

图3-48　添加第三个关键帧

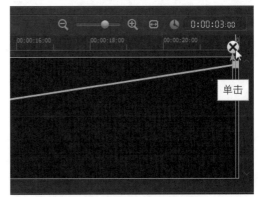

图3-49　单击"关闭"按钮

步骤 07　在导览面板中单击"播放"按钮，预览制作的视频特效，如图3-50所示。

图3-50 预览制作的视频特效

实例36 应用360度视频编辑功能

　　"360视频"编辑功能是会声会影X10的新增功能，通过该功能用户可以对视频画面进行360度的编辑与查看。下面主要介绍应用360视频编辑功能的操作方法。

扫描前言二维码 获取文件资源	素材文件	素材\第3章\荷花赏析.mpg
	效果文件	效果\第3章\荷花赏析.VSP
	视频文件	视频\第3章\实例36　应用360度视频编辑功能.mp4

步骤 01 进入会声会影编辑器，在视频轨中插入一段视频素材，在视频轨中的素材上单击鼠标右键，在弹出的快捷菜单中选择"360视频"|"360到标准"命令，如图3-51所示。

步骤 02 打开"360到标准"对话框，选择第一个关键帧，在下方设置"平移"为-24、"倾斜"为11、"视野"为120，如图3-52所示。

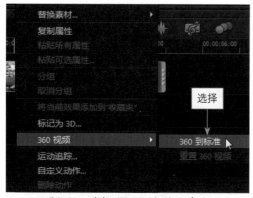

图3-51 选择"360到标准"命令　　　　　图3-52 设置第一个关键帧的参数

步骤 03 将时间线移至0:00:01:11的位置，单击"添加关键帧"按钮，添加一个关键帧，在下方设置"平移"为-80、"倾斜"为-61，如图3-53所示。

步骤 04 将时间线移至0:00:03:05的位置，单击"添加关键帧"按钮，添加一个关键帧，在下方设置"平移"为-99、"倾斜"为0，如图3-54所示。

步骤 05 将时间线移至最后一个关键帧的位置，在预览窗口中可以查看画面效果，视频编辑完成后，单击对话框下方的"确定"按钮，返回会声会影X10工作界面，在预览窗口中可以预览视频效果，如图3-55所示。

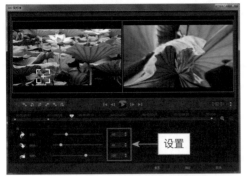
图3-53　设置第二个关键帧的参数

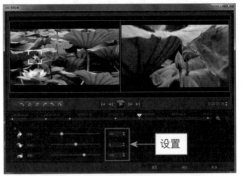
图3-54　设置第三个关键帧的参数

图3-55　预览视频效果

实例37　减去视频中的多余部分

在会声会影X10中，用户可以去除视频画面中多余的部分，如画面周边的白边或者黑边，从而使视频画面更加完美。下面介绍减去视频中多余部分的操作方法。

扫描前言二维码获取文件资源	素材文件	素材\第3章\可爱公仔.mpg
	效果文件	效果\第3章\可爱公仔.VSP
	视频文件	视频\第3章\实例37　减去视频中的多余部分.mp4

步骤 01 进入会声会影编辑器，在视频轨中插入一段视频素材，如图3-56所示。

步骤 02 在"属性"选项面板中选中"变形素材"复选框，在预览窗口中拖曳素材四周的拖柄，放大显示图像，使视频白边位于预览窗口之外，无法显示在预览窗口中，如图3-57所示，即可去除视频中的多余部分。

图3-56　插入一段视频素材

图3-57　放大变形视频画面

实例38 制作视频浅景深效果

在会声会影X10中，浅景深画面有背景虚化的效果，具有主体突出的特点。下面介绍通过"肖像画"滤镜制作浅景深画面效果。

扫描前言二维码 获取文件资源	素材文件	素材\第3章\浪漫恋人.mp4
	效果文件	效果\第3章\浪漫恋人.VSP
	视频文件	视频\第3章\实例38　制作视频浅景深效果.mp4

步骤 01 进入会声会影编辑器，在视频轨中插入一段视频素材，如图3-58所示。

步骤 02 在"滤镜"素材库中单击窗口上方的"画廊"按钮，在弹出的列表框中选择"暗房"选项，打开"暗房"素材库，选择"肖像画"滤镜效果，如图3-59所示。

图3-58　插入一段视频素材

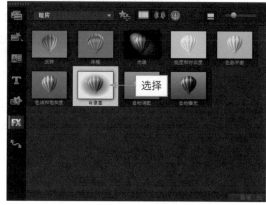

图3-59　选择"肖像画"滤镜效果

步骤 03 按住鼠标左键将其拖曳至时间轴中的视频素材上方，添加"肖像画"滤镜效果，在"属性"选项面板中单击"自定义滤镜"左侧的下三角按钮，在弹出的列表框中选择第2行第1个预设样式，如图3-60所示。

步骤 04 执行上述操作后，单击导览面板中的"播放"按钮，即可预览"肖像画"滤镜效果，如图3-61所示。

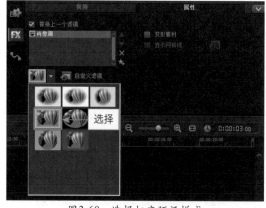

图3-60　选择相应预设样式

图3-61　预览"肖像画"滤镜效果

实例39　在视频中制作人物走动的红圈

在会声会影X10的"运动追踪"对话框中，用户可以设置视频的动画属性和运动效果，以制作出视频中人物走动的红圈画面。下面介绍具体的操作方法。

扫描前言二维码 获取文件资源	素材文件	素材\第3章\人物移动.mov、红圈.png
	效果文件	效果\第3章\人物移动.VSP
	视频文件	视频\第3章\实例39　在视频中制作人物走动的红圈.mp4

步骤 01 在菜单栏中，单击"工具"｜"运动追踪"命令，如图3-62所示。

步骤 02 弹出"打开视频文件"对话框，在其中选择相应的视频文件，单击"打开"按钮，弹出"运动追踪"对话框，将时间线移至0:00:01:00的位置，在下方单击"按区域设置跟踪器"按钮，如图3-63所示。

图3-62　单击"运动追踪"命令

图3-63　单击"按区域设置跟踪器"按钮

步骤 03 在预览窗口中通过拖曳的方式调整青色方框的跟踪位置，移至人物位置，单击"运动追踪"按钮，即可开始播放视频文件，并显示运动追踪信息，待视频播放完成后，在上方窗格中即可显示运动追踪路径，路径线条以青色线表示，如图3-64所示。

步骤 04 单击对话框下方的"确定"按钮，返回会声会影编辑器，在视频轨和覆叠轨中显示了视频文件与运动追踪文件，如图3-65所示，完成视频运动追踪操作。

图3-64　显示运动追踪路径

图3-65　显示视频文件与运动追踪文件

步骤 05 在覆叠轨中通过拖曳的方式调整覆叠素材的起始位置和区间长度，将覆叠轨中的素材进行替换操作，替换为"红圈.png"素材，在"红圈.png"素材上单击鼠标右键，在弹出的快捷菜单中选择"匹配动作"命令，如图3-66所示。

步骤 06 弹出"匹配动作"对话框，在下方的"偏移"选项区中设置X为3、Y为25，在"大小"选项区中设置X为39、Y为27；选择第2个关键帧，在下方的"偏移"选项区中设置X为0、Y为-2，在"大小"选项区中设置X为39、Y为27，如图3-67所示。

图3-66 选择"匹配动作"命令

图3-67 设置参数

步骤 07 设置完成后，单击"确定"按钮，即可在视频中用红圈跟踪人物运动路径，单击导览面板中的"播放"按钮，预览视频画面效果，如图3-68所示。

图3-68 预览视频画面效果

第4章

画面切割：剪辑与精修视频画面

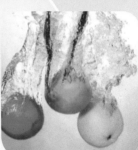

学习提示

在会声会影X10中，可以对视频素材进行相应的剪辑操作，其中最常见的视频剪辑包括拖曳修整标记剪辑视频、通过滑轨位置分割素材以及通过时间轴剪辑视频。在剪辑视频时，还可以按场景分割视频、多重修整视频、使用多相机剪辑视频等。本章主要向读者介绍剪辑与精修视频画面的各种操作方法，希望读者熟练掌握本章内容。

 CLEAR   SUBMIT

本章重点导航

 CLEAR   SUBMIT

实例40 剪辑视频的开头部分

　　在会声会影X10的导览面板中，有两个"修整标记"，在"修整标记"之间的部分代表素材被选取的部分，拖曳"修整标记"，即可对素材进行剪辑，在预览窗口中将显示与"修整标记"相对应的帧画面。下面介绍通过"修整标记"剪辑视频片头不需要的部分的操作方法。

扫描前言二维码获取文件资源	素材文件	素材\第4章\桥的彼端.mpg
	效果文件	效果\第4章\桥的彼端.VSP
	视频文件	视频\第4章\实例40　剪辑视频的开头部分.mp4

步骤 01 进入会声会影编辑器，在视频轨中插入一段视频素材，如图4-1所示。

步骤 02 将鼠标指针移至导览面板的"修整标记"上，按住鼠标左键向右拖曳，如图4-2所示。

图4-1　插入视频素材

图4-2　拖曳"修整标记"

步骤 03 拖曳至适当位置后，释放鼠标左键，即可剪辑视频的开头部分。单击导览面板中的"播放"按钮，即可在预览窗口中预览剪辑后的视频效果，如图4-3所示。

图4-3　预览剪辑后的视频效果

实例41　剪辑视频的中间部分

在会声会影X10中，用户还可以通过按钮剪辑视频素材。下面介绍通过按钮剪辑视频中间部分的操作方法。

扫描前言二维码 获取文件资源	素材文件	素材\第4章\阳光街道.mpg
	效果文件	效果\第4章\阳光街道.VSP
	视频文件	视频\第4章\实例41　剪辑视频的中间部分.mp4

🔍**步骤 01**　进入会声会影编辑器，在视频轨中插入一段视频素材，用鼠标拖曳预览窗口下方的"滑轨"至00:00:02:00，单击"根据滑轨位置分割素材"按钮，如图4-4所示。

🔍**步骤 02**　执行上述操作后，视频轨中的素材被剪辑成两段，用上述同样的方法，再次对视频轨中的素材进行剪辑，如图4-5所示。

图4-4　单击相应按钮

图4-5　再次对视频轨中的素材进行剪辑

🔍**步骤 03**　将剪辑后的中间不需要的片段进行删除，单击导览面板中的"播放"按钮，即可预览剪辑后的视频效果，如图4-6所示。

图4-6　预览视频效果

实例42 剪辑视频的结尾部分

在会声会影X10中,最快捷、最直观的剪辑方式是在素材缩略图上直接对视频素材进行剪辑。下面介绍通过拖曳的方式剪辑视频结尾部分的操作方法。

扫描前言二维码 获取文件资源	素材文件	素材\第4章\戈壁风光.mpg
	效果文件	效果\第4章\戈壁风光.VSP
	视频文件	视频\第4章\实例42 剪辑视频的结尾部分.mp4

步骤 01 进入会声会影编辑器,在视频轨中插入一段视频素材,如图4-7所示。

步骤 02 将鼠标指针拖曳至时间轴面板中的视频素材的末端位置,按住鼠标左键向左拖曳,如图4-8所示。

图4-7 插入视频素材   图4-8 拖曳鼠标

步骤 03 拖曳至00:00:04:00的位置后,释放鼠标左键,即可剪辑视频的结尾部分。单击导览面板中的"播放"按钮,即可预览剪辑后的视频效果,如图4-9所示。

图4-9 预览视频效果

实例43　分段剪辑视频的多种技巧

在会声会影X10中，用户还可以将一个视频文件剪辑为多段视频。下面介绍剪辑多段视频素材的操作方法。

扫描前言二维码 获取文件资源	素材文件	素材\第4章\红色小花.mpg
	效果文件	效果\第4章\红色小花.VSP
	视频文件	视频\第4章\实例43　分段剪辑视频的多种技巧.mp4

步骤 01　进入会声会影编辑器，在视频轨中插入一段视频素材，如图4-10所示。

步骤 02　用鼠标拖曳预览窗口下方的"滑轨"至00:00:02:00，选择视频素材，单击鼠标右键，在弹出的快捷菜单中选择"分割素材"命令，再次拖曳滑块至00:00:03:00，选择视频素材，单击"编辑"|"分割素材"命令，如图4-11所示，即可将视频素材剪辑为多段视频。

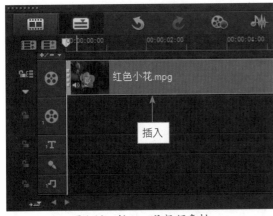

图4-10　插入一段视频素材

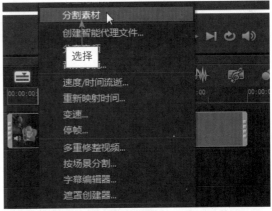

图4-11　选择"分割素材"命令

步骤 03　用户根据剪辑的多段视频画面，可以将不需要的片段进行删除操作，单击导览面板中的"播放"按钮，即可预览剪辑后的视频效果，如图4-12所示。

图4-12　预览视频素材

实例44 在素材库中分割多个视频画面

在会声会影X10中，按场景分割视频的功能非常强大，它可以将视频画面中的多个场景分割为多个不同的小片段，也可以将多个不同的小片段场景进行合成操作。下面向读者介绍在会声会影X10的素材库中分割视频场景的操作方法。

扫描前言二维码获取文件资源	素材文件	素材\第4章\美食之家.mpg
	效果文件	无
	视频文件	视频\第4章\实例44 在素材库中分割多个视频画面.mp4

步骤 01 进入"媒体"素材库，在素材库中的空白位置上单击鼠标右键，在弹出的快捷菜单中选择"插入媒体文件"命令，弹出"浏览媒体文件"对话框，在其中选择需要按场景分割的视频素材，单击"打开"按钮，即可在素材库中添加选择的视频素材，如图4-13所示。

步骤 02 单击"编辑"|"按场景分割"命令，弹出"场景"对话框，其中显示了一个视频片段，单击左下角的"扫描"按钮，稍等片刻，即可扫描出视频中的多个不同场景，执行上述操作后，单击"确定"按钮，即可在素材库中显示按照场景分割的多个视频素材，如图4-14所示。

图4-13 添加视频素材

图4-14 显示按照场景分割的视频素材

实例45 在时间轴中分割多个视频画面

用户除了可以在素材库中按场景分割视频片段，还可以在时间轴中进行相应操作。下面向读者介绍在会声会影X10的时间轴中按场景分割视频片段的操作方法。

扫描前言二维码获取文件资源	素材文件	素材\第4章\可爱小狗.mpg
	效果文件	效果\第4章\可爱小狗.VSP
	视频文件	视频\第4章\实例45 在时间轴中分割多个视频画面.mp4

步骤 01　进入会声会影编辑器，在时间轴中插入一段视频素材，选择需要分割的视频文件，单击鼠标右键，在弹出的快捷菜单中选择"按场景分割"命令，如图4-15所示。

步骤 02　弹出"场景"对话框，单击"扫描"按钮，即可根据视频中的场景变化开始扫描，扫描结束后将按照编号显示出分割的视频片段，如图4-16所示。

图4-15　选择"按场景分割"命令　　　　图4-16　显示出分割的视频片段

步骤 03　单击"确定"按钮，返回会声会影编辑器，在时间轴中显示了分割的多个场景片段，选择相应的场景片段，在预览窗口中可以预览视频的场景画面，如图4-17所示。

图4-17　预览视频的场景画面

实例46　多重修整视频画面

　　用户如果需要从一段视频中一次修整出多个片段，可以使用"多重修整视频"功能。下面向读者介绍在"多重修整视频"对话框中精确标记视频片段进行剪辑的操作方法。

扫描前言二维码获取文件资源	素材文件	素材\第4章\喜庆日子.mpg
	效果文件	效果\第4章\喜庆日子.VSP
	视频文件	视频\第4章\实例46　多重修整视频画面.mp4

步骤 01　进入会声会影编辑器，在时间轴中插入一段视频素材，在视频素材上单击鼠标右键，在弹出的快捷菜单中选择"多重修整视频"命令，弹出"多重修整视频"对话框，单击右下角的"设置开始标记"按钮，标记视频的起始位置，如图4-18所示。

步骤 02　在"转到特定的时间码"文本框中输入0:00:01:00，单击"设置结束标记"按钮，选定的区间将显示在对话框下方的列表框中,如图4-19所示。

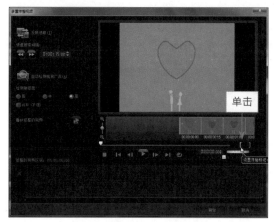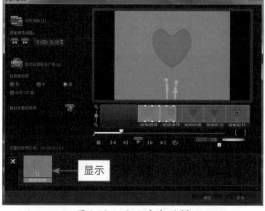

图4-18 设置开始标记　　　　　　　图4-19 显示选定区间

步骤 03 用与上同样的方法继续选定区间,执行操作后,单击"确定"按钮,返回会声会影编辑器,在视频轨中显示了刚剪辑的多个视频片段,在预览窗口中预览剪辑后的视频画面效果,如图4-20所示。

图4-20 预览视频画面效果

实例47 变频调速剪辑视频画面

在会声会影X10中,用户还可以使用一些特殊的视频剪辑方法对视频素材进行剪辑。下面介绍使用"变速"按钮剪辑视频的操作方法。

扫描前言二维码获取文件资源	素材文件	素材\第4章\古城夜景.mpg
	效果文件	效果\第4章\古城夜景.VSP
	视频文件	视频\第4章\实例47 变频调速剪辑视频画面.mp4

步骤 01 进入会声会影编辑器,在视频轨中插入所需的视频素材,单击"选项"按钮,打开"视频"选项面板,在其中单击"变速"按钮,如图4-21所示。

步骤 02 弹出"变速"对话框,在其中设置"速度"为220,如图4-22所示。

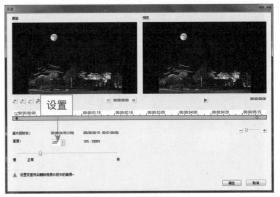

图4-21　单击"变速"按钮　　　　图4-22　设置"速度"为220

步骤 03　单击"确定"按钮，即可在时间轴中显示使用变速功能剪辑后的视频素材。执行上述操作后，单击导览面板中的"播放"按钮，即可预览剪辑后的视频效果，如图4-23所示。

图4-23　预览视频画面效果

实例48　通过区间剪辑视频画面

在会声会影X10中，使用区间剪辑视频素材可以精确控制片段的播放时间，但它只能从视频的尾部进行剪辑，若对整个影片的播放时间有严格的限制，可使用区间修整的方式来剪辑各个视频素材片段。下面介绍使用区间剪辑视频素材的操作方法。

扫描前言二维码 获取文件资源	素材文件	素材\第4章\熊猫队伍.mpg
	效果文件	效果\第4章\熊猫队伍.VSP
	视频文件	视频\第4章\实例48　通过区间剪辑视频画面.mp4

步骤 01　进入会声会影编辑器，在视频轨中插入一段视频素材，在"视频"选项面板的"视频区间"数值框中输入0:00:02:00，设置完成后按【Enter】键确认，即可剪辑视频素材，如图4-24所示。

步骤 02　执行上述操作后，单击预览窗口下的"播放"按钮，即可预览剪辑后的视频效果，如图4-25所示。

图4-24 输入区间数值

图4-25 预览剪辑后的视频效果

实例49 通过多相机剪辑合成视频

在会声会影X10中，使用"多相机编辑器"功能可以更加快速地剪辑视频，可以对大量的素材进行选择、搜索、剪辑点确定、时间线对位等基本操作。

扫描前言二维码获取文件资源	素材文件	素材\第4章\孔雀开屏(1).mp4、孔雀开屏(2).mp4
	效果文件	效果\第4章\孔雀开屏.VSP
	视频文件	视频\第4章\实例49 通过多相机剪辑合成视频.mp4

步骤 01 进入会声会影编辑器，单击"工具"｜"多相机编辑器"命令，打开"多相机编辑器"窗口，如图4-26所示。

步骤 02 在下方的"相机1"轨道右侧空白处，单击鼠标右键，在弹出的快捷菜单中选择"导入源"命令，在弹出的对话框中选择需要添加的视频文件，单击"打开"按钮，添加视频至"相机1"轨道中，如图4-27所示。

图4-26 打开"多相机编辑器"窗口

图4-27 添加视频至"相机1"轨道

步骤 03 用与上同样的方法，在"相机2"轨道中添加一段视频，单击左上方的预览框1，即可在"多相机轨道"上添加"相机1"轨道的视频画面，如图4-28所示。

步骤 04 拖动时间轴上方的滑块到00:00:03:00的位置，单击左上方的预览框2，如图4-29所示，即可对视频进行剪辑操作。

图4-28　添加视频到"多相机"轨道　　　　　　图4-29　单击预览框2

步骤 05　单击右上方预览窗口下的"播放"按钮，预览剪辑后的视频画面效果，如图4-30所示。剪辑、合成两段视频画面后，单击下方的"确定"按钮，即可返回会声会影编辑器。

图4-30　预览剪辑后的视频素材效果

实例50　使用时间重映射精修视频

　　"重新映射时间"功能是会声会影X10的新增功能，可以帮助用户更加精准地修整视频的播放速度，制作出视频的快动作或慢动作特效。下面向读者介绍应用重新映射时间精修视频片段的操作方法。

扫描前言二维码获取文件资源	素材文件	素材\第4章\喜庆贺寿.mpg
	效果文件	效果\第4章\喜庆贺寿.VSP
	视频文件	视频\第4章\实例50　使用时间重映射精修视频.mp4

步骤 01　进入会声会影编辑器，在视频轨中插入一段视频素材，单击"工具"|"重新映射时间"命令，弹出"时间重新映射"对话框，如图4-31所示。

步骤 02　将时间线移至0:00:00:06的位置，在窗口右侧单击"停帧"按钮■，如图4-32所示，设置"停帧"的时间为3秒，表示在该处静态停帧3秒的时间，此时窗口下方显示了一幅停帧的静态图像。

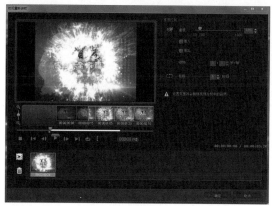

图4-31　弹出"时间重新映射"对话框

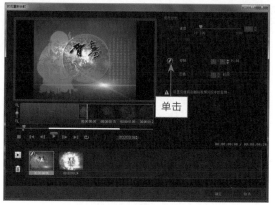
图4-32　单击"停帧"按钮

步骤 03 将时间线移至0:00:01:05的位置,在窗口右上方设置"速度"为50,表示以慢动作的形式播放视频,在预览窗口下方向右拖曳时间线滑块,将时间线移至0:00:03:07的位置,再次单击"停帧"按钮 🎞,设置"停帧"的时间为3秒,在时间线位置再次添加一幅停帧的静态图像,如图4-33所示。

步骤 04 视频编辑完成后,单击窗口下方的"确定"按钮,返回会声会影编辑器,在视频轨中可以查看精修完成的视频文件,在导览面板中单击"播放"按钮,预览精修的视频画面,如图4-34所示。

图4-33　再次添加一幅停帧的静态图像

图4-34　预览精修的视频画面

实例51　简单的抠像技术

在会声会影X10中,用户可以快速对画面的单色背景进行抠像操作。下面介绍使用会声会影进行简单抠像的技术。

扫描前言二维码获取文件资源	素材文件	素材\第4章\美丽佳人.VSP
	效果文件	效果\第4章\美丽佳人.VSP
	视频文件	视频\第4章\实例51　简单的抠像技术.mp4

步骤 01 进入会声会影编辑器，打开一个项目文件，在预览窗口中预览项目效果，如图4-35所示。

步骤 02 选择覆叠轨素材，在"属性"选项面板中单击"遮罩和色度键"按钮，如图4-36所示。

图4-35 预览项目效果

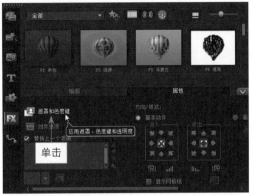
图4-36 单击"遮罩和色度键"按钮

步骤 03 进入相应面板，选中"应用覆叠选项"复选框，设置相似度右侧的色块为白色，在"针对遮罩帧的色彩相似度"数值框中输入15，如图4-37所示。

步骤 04 执行上述操作后，即可去除视频的背景画面，单击导览面板中的"播放"按钮，预览视频画面效果，如图4-38所示。

图4-37 在数值框中输入15

图4-38 预览覆叠素材的遮罩效果

实例52 快速解决视频的水印问题

在会声会影X10中，可以快速去除视频画面中的水印。下面介绍快速去除视频画面中的水印的操作方法。

扫描前言二维码 获取文件资源	素材文件	素材\第4章\水果缤纷.VSP
	效果文件	效果\第4章\水果缤纷.VSP
	视频文件	视频\第4章\实例52 快速解决视频的水印问题.mp4

步骤 01 进入会声会影编辑器，打开一个项目文件，并预览项目效果，如图4-39所示。

步骤 02 选择视频素材，切换至"属性"选项面板中，选中"变形素材"复选框，如图4-40所示。

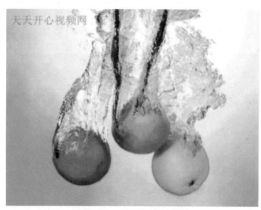

图4-39 预览项目效果

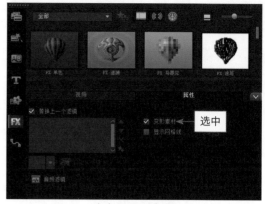

图4-40 选中"变形素材"复选框

🔍**步骤 03** 在预览窗口中拖动控制柄,调整素材大小,即可去除水印。调整完成后,单击导览面板中的"播放"按钮,预览画面效果,如图4-41所示。

图4-41 预览画面效果

实例53 制作文字自动书写特效

在会声会影X10中,有很多好看的特效可以制作,例如制作文字自动书写特效。下面介绍制作文字自动书写特效的操作方法。

扫描前言二维码 获取文件资源	素材文件	无
	效果文件	效果\第4章\写字动画.VSP
	视频文件	视频\第4章\实例53 制作文字自动书写特效.mp4

🔍**步骤 01** 进入会声会影编辑器,单击"设置"|"参数选择"命令,弹出"参数选择"对话框,设置背景色右侧的色彩为白色,如图4-42所示,设置完成后单击"确定"按钮。

🔍**步骤 02** 在标题轨中输入文字"Corel",在选项面板中设置"字体"为"宋体","字体大小"为152,单击"色彩"色块,在弹出的颜色面板中选择第1行第3个颜色,如图4-43所示。

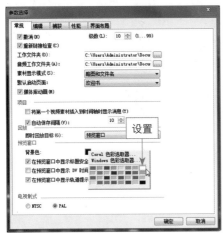

图4-42　设置背景颜色

图4-43　选择第1行第3个颜色

步骤 03 单击"工具"|"绘图创建器"命令，打开"绘图创建器"窗口，单击"开始录制"按钮，在绘图创建器中绘制相应的图形，如图4-44所示。完成录制之后，单击"停止录制"按钮。

步骤 04 单击窗口下方的"确定"按钮，稍等片刻，手绘文件将显示在素材库中，拖曳标题文件到视频轨，拖曳手绘文件到覆叠轨中，单击导览面板中的"播放"按钮，即可预览项目效果，如图4-45所示。

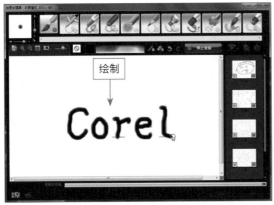

图4-44　绘制相应的图形

图4-45　预览项目效果

第5章

完美修饰：运用转场制作视频特效

学习提示

　　在会声会影X10中，转场其实就是一种特殊的滤镜，它是在两个媒体素材之间的过渡效果。本章主要向读者介绍编辑与修饰转场效果的操作方法，其中包括制作百叶窗转场效果、制作漩涡转场效果、制作三维开门转场效果等，希望读者熟练掌握本章内容，学完以后可以举一反三，制作出更多漂亮的转场效果。

🗑 CLEAR　　⬆ SUBMIT

本章重点导航

🗑 CLEAR　　⬆ SUBMIT

实例54 手动添加转场效果

　　会声会影X10为用户提供了上百种的转场效果，用户可根据需要手动添加适合的转场效果，从而制作出绚丽多彩的视频作品。下面介绍手动添加转场的操作方法。

扫描前言二维码 获取文件资源	素材文件	素材\第5章\花朵盛开(1).jpg、花朵盛开(2).jpg
	效果文件	效果\第5章\花朵盛开.VSP
	视频文件	视频\第5章\实例54　手动添加转场效果.mp4

步骤 01 进入会声会影编辑器，在故事板中插入两幅图像素材，在素材库的左侧单击"转场"按钮，切换至"转场"素材库，单击素材库上方的"画廊"按钮，在弹出的下拉列表中选择3D选项，打开3D素材库，在其中选择"飞行方块"转场效果，如图5-1所示。

步骤 02 按住鼠标左键将其拖曳至故事板中两幅图像素材之间的方格中，释放鼠标左键，即可添加"飞行方块"转场效果，如图5-2所示。

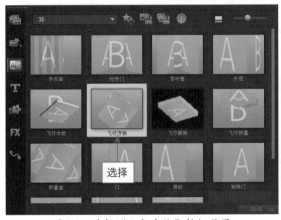

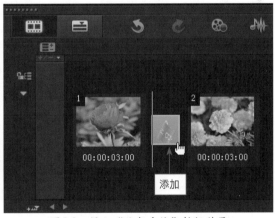

图5-1　选择"飞行方块"转场效果　　　　图5-2　添加"飞行方块"转场效果

步骤 03 在导览面板中单击"播放"按钮，预览手动添加的转场效果，如图5-3所示。

图5-3　预览手动添加的转场效果

实例55 自动添加转场效果

在会声会影X10中，当用户需要在大量的静态照片之间加入转场效果时，此时自动添加转场效果最为方便。下面介绍自动添加转场效果的操作方法。

扫描前言二维码 获取文件资源	素材文件	素材\第5章\大好河山(1).jpg、大好河山(2).jpg
	效果文件	效果\第5章\大好河山.VSP
	视频文件	视频\第5章\实例55 自动添加转场效果.mp4

🔍 **步骤 01** 进入会声会影编辑器，单击"设置"|"参数选择"命令，弹出"参数选择"对话框，如图5-4所示。

🔍 **步骤 02** 切换至"编辑"选项卡，选中"自动添加转场效果"复选框，如图5-5所示。

图5-4 弹出"参数选择"对话框   图5-5 选中"自动添加转场效果"复选框

🔍 **步骤 03** 单击"确定"按钮，返回会声会影编辑器，在故事板中插入两幅图像素材，此时自动在图像素材之间已经添加了转场效果，如图5-6所示。

🔍 **步骤 04** 单击导览面板中的"播放"按钮，预览自动添加的转场效果，如图5-7所示。

图5-6 自动添加转场效果

图5-7 预览自动添加的转场效果

实例56　在多个素材间移动转场效果

　　在会声会影X10中，若用户需要调整转场效果的位置，则可先选择需要移动的转场效果，然后再将其拖曳至合适位置。下面介绍移动转场效果的操作方法。

扫描前言二维码 获取文件资源	素材文件	素材\第5章\城市交通.VSP
	效果文件	效果\第5章\城市交通.VSP
	视频文件	视频\第5章\实例56　在多个素材间移动转场效果.mp4

步骤 01　进入会声会影编辑器，打开一个项目文件，如图5-8所示。

步骤 02　在故事板中选择第1张图像与第2张图像之间的转场效果，按住鼠标左键将其拖曳至第2张图像与第3张图像之间，即可移动转场效果，如图5-9所示。

图5-8　打开项目　　　　　　　　　　图5-9　移动转场效果

步骤 03　执行上述操作后，单击导览面板中的"播放"按钮，即可预览移动转场后的效果，如图5-10所示。

图5-10　预览转场效果

实例57　替换之前添加的转场效果

　　在会声会影X10中，在图像素材之间添加相应的转场效果后，如果用户对该转场效果不满意，可以对其进行替换。下面介绍替换转场效果的操作方法。

扫描前言二维码 获取文件资源	素材文件	素材\第5章\华丽都市.VSP
	效果文件	效果\第5章\华丽都市.VSP
	视频文件	视频\第5章\实例57　替换之前添加的转场效果.mp4

步骤 01　进入会声会影编辑器，打开一个项目文件，单击导览面板中的"播放"按钮，在预览窗口中预览打开的项目效果，如图5-11所示。

步骤 02　在"转场"素材库的"NewBlue样品转场"转场中，选择"拼图"转场效果，如图5-12所示，按住鼠标左键将其拖曳至两幅图像素材之间，即可添加"拼图"转场效果。

图5-11　预览项目效果

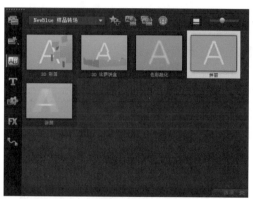

图5-12　选择"拼图"转场效果

步骤 03　执行操作后，即可替换转场效果，单击导览面板中的"播放"按钮，预览已替换的转场效果，如图5-13所示。

图5-13　预览已替换的转场效果

实例58 应用当前选择的转场效果

在会声会影X10中，运用"对素材应用当前效果"按钮，可以将当前选择的转场效果应用到当前项目的所有素材之间。下面介绍对素材应用当前效果的操作方法。

扫描前言二维码 获取文件资源	素材文件	素材\第5章\神奇天空(1).jpg、神奇天空(2).jpg
	效果文件	效果\第5章\神奇天空.VSP
	视频文件	视频\第5章\实例58　应用当前选择的转场效果.mp4

🔍 **步骤 01**　进入会声会影编辑器，在故事板中插入两幅图像素材，如图5-14所示。

🔍 **步骤 02**　单击"转场"按钮，切换至"转场"选项卡，单击窗口上方的"画廊"按钮，在弹出的列表框中选择"遮罩"选项，打开"遮罩"素材库，在其中选择"遮罩A"转场效果，单击"对视频轨应用当前效果"按钮，如图5-15所示。

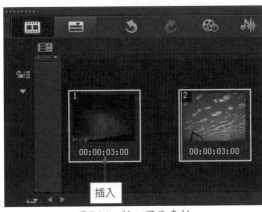

图5-14　插入图像素材　　　图5-15　单击"对视频轨应用当前效果"按钮

🔍 **步骤 03**　执行上述操作后，即可在故事板中的图像素材之间添加"遮罩A"转场效果，将时间线移至素材的开始位置，单击导览面板中的"播放"按钮，预览添加的转场效果，如图5-16所示。

图5-16　预览转场效果

实例59　应用随机转场效果

在会声会影X10中，当用户在故事板中添加了图像素材后，还可以为其添加随机的转场效果，该操作既方便又快捷。

扫描前言二维码 获取文件资源	素材文件	素材\第5章\高原风光(1).jpg、高原风光(2).jpg
	效果文件	效果\第5章\高原风光.VSP
	视频文件	视频\第5章\实例59　应用随机转场效果.mp4

🔍 **步骤 01**　进入会声会影编辑器，在故事板中插入两幅图像素材，如图5-17所示。

🔍 **步骤 02**　单击"转场"按钮，切换至"转场"选项卡，单击窗口上方的"对视频轨应用随机效果"按钮，如图5-18所示。

图5-17　插入图像素材

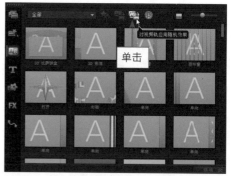

图5-18　单击"对视频轨应用随机效果"按钮

🔍 **步骤 03**　执行上述操作后，即可对素材应用随机转场效果，单击导览面板中的"播放"按钮，预览添加的随机转场效果，如图5-19所示。

图5-19　预览随机转场效果

实例60　制作边框特效转场效果

　　在会声会影X10中，可以为转场效果设置相应的边框样式，从而为转场效果锦上添花，加强效果的审美度。下面介绍设置转场边框效果的操作方法。

扫描前言二维码 获取文件资源	素材文件	素材\第5章\山间花草(1).jpg、山间花草(2).jpg
	效果文件	效果\第5章\山间花草.VSP
	视频文件	视频\第5章\实例60　制作边框特效转场效果.mp4

步骤 01　进入会声会影编辑器，在故事板中插入两幅图像素材，切换至"转场"选项卡，打开"擦拭"素材库，选择"泥泞"转场效果，按住鼠标左键将其拖曳至故事板中的两幅图像素材之间，添加"泥泞"转场效果，如图5-20所示。

步骤 02　单击"选项"按钮，打开"转场"选项面板，在"边框"数值框中输入2，然后单击"柔化边缘"右侧的"无柔化边缘"按钮，如图5-21所示。

图5-20　添加"泥泞"转场效果　　　　图5-21　单击"无柔化边缘"按钮

步骤 03　单击导览面板中的"播放"按钮，即可在预览窗口中预览设置边框后的转场效果，如图5-22所示。

图5-22　预览设置边框后的转场效果

实例61 制作横条转场效果

在会声会影X10中，"横条"转场效果是"卷动"类型中的一种，将素材从左上方和右下方进行双向过渡。下面介绍应用"横条"转场的操作方法。

扫描前言二维码 获取文件资源	素材文件	素材\第5章\邂逅爱情(1).jpg、邂逅爱情(2).jpg
	效果文件	效果\第5章\邂逅爱情.VSP
	视频文件	视频\第5章\实例61　制作横条转场效果.mp4

步骤 01　进入会声会影编辑器，在故事板中插入两幅图像素材，如图5-23所示。

🔍步骤 02 单击"转场"按钮,切换至"转场"选项卡,单击窗口上方的"画廊"按钮,在弹出的列表框中选择"卷动"选项,打开"卷动"素材库,在其中选择"横条"转场效果,按住鼠标左键将其拖曳至故事板中的两幅图像素材之间,添加"横条"转场效果,如图5-24所示。

图5-23 插入两幅图像素材   图5-24 添加"横条"转场效果

🔍步骤 03 执行上述操作后,单击导览面板中的"播放"按钮,预览"横条"转场效果,如图5-25所示。

图5-25 预览"横条"转场效果

实例62 制作百叶窗转场效果

在会声会影X10中,"百叶窗"转场效果是3D转场类型中最常用的一种,是指素材A以百叶窗翻转的方式进行过渡,显示素材B。下面介绍应用"百叶窗"转场的操作方法。

扫描前言二维码 获取文件资源	素材文件	素材\第5章\摩天大厦(1).jpg、摩天大厦(2).jpg
	效果文件	效果\第5章\摩天大厦.VSP
	视频文件	视频\第5章\实例62 制作百叶窗转场效果.mp4

🔍步骤 01 进入会声会影编辑器,在故事板中插入两幅图像素材,如图5-26所示。

步骤 02　单击"转场"按钮，切换至"转场"选项卡，单击窗口上方的"画廊"按钮，在弹出的列表框中选择3D选项，打开3D素材库，在其中选择"百叶窗"转场效果，按住鼠标左键将其拖曳至故事板中的两幅图像素材之间，添加"百叶窗"转场效果，如图5-27所示。

图5-26　插入图像素材

图5-27　添加"百叶窗"转场效果

步骤 03　单击导览面板中的"播放"按钮，预览"百叶窗"转场效果，如图5-28所示。

图5-28　预览"百叶窗"转场效果

实例63　制作漩涡转场效果

在会声会影X10中，"漩涡"转场效果是3D转场类型中的一种，是指素材A以漩涡碎片的方式进行过渡，显示素材B。下面介绍应用"漩涡"转场的操作方法。

扫描前言二维码 获取文件资源	素材文件	素材\第5章\古镇景色(1).jpg、古镇景色(2).jpg
	效果文件	效果\第5章\古镇景色.VSP
	视频文件	视频\第5章\实例63　制作漩涡转场效果.mp4

步骤 01　进入会声会影编辑器，在故事板中插入两幅图像素材，如图5-29所示。

步骤 02　在"转场"素材库的3D转场中，选择"漩涡"转场效果，按住鼠标左键将其拖曳至故事板中的两幅图像素材之间，添加"漩涡"转场效果，如图5-30所示。

图5-29 插入图像素材

图5-30 添加"漩涡"转场效果

步骤 03 执行上述操作后,单击导览面板中的"播放"按钮,预览"漩涡"转场效果,如图5-31所示。

图5-31 预览"漩涡"转场效果

实例64 制作三维开门转场效果

在会声会影X10中,"门"转场效果是"过滤"素材库中的一种,"过滤"素材库的特征是素材A以自然过渡的方式逐渐被素材B取代。下面介绍应用"门"转场的操作方法。

扫描前言二维码 获取文件资源	素材文件	素材\第5章\桥梁建筑(1).jpg、桥梁建筑(2).jpg
	效果文件	效果\第5章\桥梁建筑.VSP
	视频文件	视频\第5章\实例64 制作三维开门转场效果.mp4

步骤 01 进入会声会影编辑器,在故事板中插入两幅图像素材,单击"转场"按钮,切换至"转场"选项卡,单击窗口上方的"画廊"按钮,在弹出的列表框中选择"过滤"选项,打开"过滤"素材库,选择"门"转场效果,如图5-32所示。

步骤 02 按住鼠标左键将其拖曳至故事板中的两幅图像素材之间,添加"门"转场效果,如图5-33所示。

图5-32 选择"门"转场效果

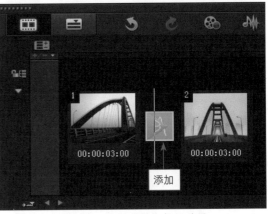

图5-33 添加"门"转场效果

🔍**步骤 03** 单击导览面板中的"播放"按钮，即可预览"门"转场效果，如图5-34所示。

图5-34 预览"门"转场效果

实例65 制作马赛克转场效果

在会声会影X10中，"马赛克"转场效果是"过滤"转场类型中的一种，是指素材A以马赛克的方式进行过渡，显示素材B。下面介绍应用"马赛克"转场的操作方法。

扫描前言二维码 获取文件资源	素材文件	素材\第5章\携手一生(1).jpg、携手一生(2).jpg
	效果文件	效果\第5章\携手一生.VSP
	视频文件	视频\第5章\实例65 制作马赛克转场效果.mp4

🔍**步骤 01** 进入会声会影编辑器，在故事板中插入两幅图像素材，如图5-35所示。

🔍**步骤 02** 在"转场"素材库的"过滤"转场中，选择"马赛克"转场效果，按住鼠标左键将其拖曳至故事板中的两幅图像素材之间，添加"马赛克"转场效果，如图5-36所示。

🔍**步骤 03** 执行上述操作后，单击导览面板中的"播放"按钮，预览"马赛克"转场效果，如图5-37所示。

图5-35 插入图像素材

图5-36 添加"马赛克"转场效果

图5-37 预览"马赛克"转场效果

实例66 制作画面燃烧转场效果

在会声会影X10中,"燃烧"转场效果是"过滤"转场类型中的一种,是指素材A以燃烧特效的方式进行过渡,显示素材B。下面介绍应用"燃烧"转场的操作方法。

扫描前言二维码获取文件资源	素材文件	素材\第5章\飞行天空(1).jpg、飞行天空(2).jpg
	效果文件	效果\第5章\飞行天空.VSP
	视频文件	视频\第5章\实例66 制作画面燃烧转场效果.mp4

🔍步骤 01　进入会声会影编辑器,在故事板中插入两幅图像素材,如图5-38所示。

🔍步骤 02　在"转场"素材库的"过滤"转场中,选择"燃烧"转场效果,按住鼠标左键将其拖曳至故事板中的两幅图像素材之间,添加"燃烧"转场效果,如图5-39所示。

🔍步骤 03　单击导览面板中的"播放"按钮,预览"燃烧"转场效果,如图5-40所示。

图5-38　插入图像素材　　　　　　　　图5-39　添加"燃烧"转场效果

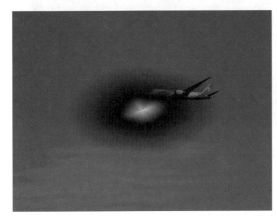

图5-40　预览"燃烧"转场效果

实例67　制作画中画转场效果

在会声会影X10中，用户不仅可以为视频轨中的素材添加转场效果，还可以为覆叠轨中的素材添加转场效果。下面向读者介绍制作画中画转场切换特效的操作方法。

扫描前言二维码获取文件资源	素材文件	素材\第5章\江上焰火.VSP
	效果文件	效果\第5章\江上焰火.VSP
	视频文件	视频\第5章\实例67　制作画中画转场效果.mp4

步骤 01 进入会声会影编辑器，打开一个项目文件，如图5-41所示。

步骤 02 打开"转场"素材库，单击窗口上方的"画廊"按钮，在弹出的列表框中选择"果皮"选项，进入"果皮"转场组，在其中选择"对开门"转场，如图5-42所示。

步骤 03 将选择的转场效果拖曳至时间轴面板的覆叠轨中两幅图像素材之间，释放鼠标左键，在覆叠轨中为覆叠素材添加转场效果，单击导览面板中的"播放"按钮，预览制作的画中画转场特效，如图5-43所示。

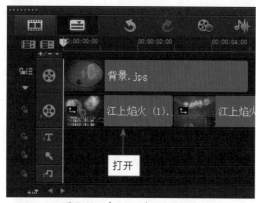

图5-41 打开一个项目文件

图5-42 选择"对开门"转场

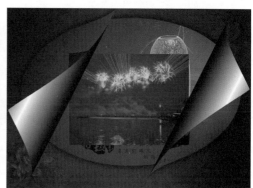

图5-43 预览制作的画中画转场特效

实例68 制作3D自动翻页效果

在会声会影X10中,"翻转"转场效果是"相册"转场类型中的一种,用户可以通过自定义参数来制作3D自动翻页效果。下面介绍制作3D自动翻页效果的操作方法。

扫描前言二维码 获取文件资源	素材文件	素材\第5章\郎才女貌(1).jpg、郎才女貌(2).jpg
	效果文件	效果\第5章\郎才女貌.VSP
	视频文件	视频\第5章\实例68 制作3D自动翻页效果.mp4

步骤 01 进入会声会影编辑器,在故事板中插入两幅图像素材,在"转场"素材库的"相册"转场中,选择"翻转"转场效果,按住鼠标左键将其拖曳至两幅图像素材之间,添加"翻转"转场效果,如图5-44所示。

步骤 02 在"转场"选项面板中,设置"区间"为0:00:02:00,设置完成后单击"自定义"按钮,弹出"翻转-相册"对话框,选择布局为第1个样式,"相册封面模板"为第4个样式,切换至"背景和阴影"选项卡,选择背景模板为第2个样式,切换至"页面A"选项卡,选择"相册页面模板"为第3个样式,切换至"页面B"选项卡,选择"相册页面模板"为第3个样式,设置完成后单击"确定"按钮,如图5-45所示。

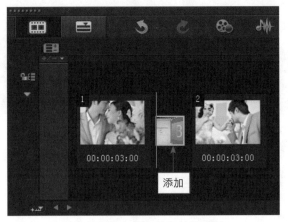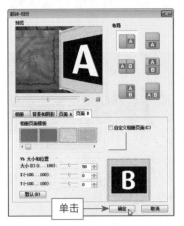

图5-44　添加"翻转"转场效果　　　　　　图5-45　单击"确定"按钮

步骤 03 执行上述操作后，单击导览面板中的"播放"按钮，预览制作3D自动翻页效果，如图5-46所示。

图5-46　预览3D自动翻页效果

实例69　制作视频立体感运动效果

在会声会影X10中，"3D比萨饼盒"转场效果是"NewBlue样品转场"类型中的一种，用户可以通过自定义参数来制作照片立体感运动的效果。下面介绍制作照片立体感运动效果的操作方法。

扫描前言二维码获取文件资源	素材文件	素材\第5章\心有灵犀(1).jpg、心有灵犀(2).jpg
	效果文件	效果\第5章\心有灵犀.VSP
	视频文件	视频\第5章\实例69　制作视频立体感运动效果.mp4

步骤 01 进入会声会影编辑器，在故事板中插入两幅图像素材，在"NewBlue样品转场"素材库中，选择"3D比萨饼盒"转场效果，按住鼠标左键将其拖曳至故事板中的两幅图像素材之间，添加"3D比萨饼盒"转场效果，如图5-47所示。

步骤 02 在"转场"选项面板中，单击"自定义"按钮，弹出"NewBlue 3D 比萨饼盒"对话框，在下方选择"立方体上"运动效果，如图5-48所示。

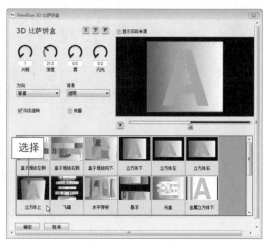

图5-47 添加"3D比萨饼盒"转场效果　　　　图5-48 选择"立方体上"运动效果

步骤 03 执行上述操作后，单击"确定"按钮，返回会声会影编辑器，单击导览面板中的"播放"按钮，预览照片立体感运动效果，如图5-49所示。

图5-49 预览照片立体感运动效果

实例70 制作视频遮罩炫彩效果

在会声会影X10的"遮罩"转场素材库中，包括6种不同的遮罩炫彩转场类型，用户可根据需要将炫彩转场添加至素材之间，制作出炫彩画面特效。

扫描前言二维码 获取文件资源	素材文件	素材\第5章\赛车跑道(1).jpg、赛车跑道(2).jpg
	效果文件	效果\第5章\赛车跑道.VSP
	视频文件	视频\第5章\实例70 制作视频遮罩炫彩效果.mp4

步骤 01 进入会声会影编辑器，在故事板中插入两幅图像素材，切换至"转场"选项卡，打开"遮罩"素材库，选择"遮罩A"转场效果，按住鼠标左键将其拖曳至故事板中的两幅图像素材之间，添加转场效果，如图5-50所示。

步骤 02 打开"转场"选项面板，单击"自定义"按钮，弹出"遮罩-遮罩A"对话框，选择第2种炫彩遮罩样式，如图5-51所示。

图5-50 添加"遮罩A"转场效果

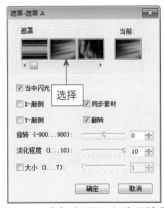

图5-51 选择第2种炫彩遮罩样式

步骤 03 设置完成后，单击"确定"按钮，返回会声会影编辑器，单击"播放"按钮，预览制作的遮罩炫光转场效果，如图5-52所示。

图5-52 预览遮罩炫彩转场效果

实例71 制作时钟转动转场效果

在会声会影X10中，"时钟"转场效果是指素材A以时钟旋转的方式进行运动，显示素材B。

扫描前言二维码 获取文件资源	素材文件	素材\第5章\彩色雕塑(1).jpg、彩色雕塑(2).jpg
	效果文件	效果\第5章\彩色雕塑.VSP
	视频文件	视频\第5章\实例71 制作时钟转动转场效果.mp4

步骤 01 进入会声会影编辑器，在故事板中插入两幅图像素材，切换至"转场"选项卡，打开"时钟"素材库，选择"转动"转场效果，如图5-53所示。

步骤 02 按住鼠标左键将其拖曳至故事板中的两幅图像素材之间，添加转场效果，如图5-54所示。

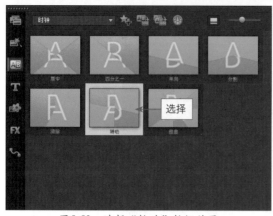

图5-53　选择"转动"转场效果

图5-54　添加转场效果

🔍步骤 03　单击"播放"按钮，即可预览制作的时钟转动转场效果，如图5-55所示。

图5-55　预览时钟转动转场效果

实例72　制作画面打碎转场效果

在会声会影X10中，"打碎"转场效果是"过滤"转场类型中的一种。下面介绍制作画面打碎转场效果的操作方法。

扫描前言二维码获取文件资源	素材文件	素材\第5章\野生动物(1).jpg、野生动物(2).jpg
	效果文件	效果\第5章\野生动物.VSP
	视频文件	视频\第5章\实例72　制作画面打碎转场效果.mp4

🔍步骤 01　进入会声会影编辑器，在故事板中插入两幅图像素材，切换至"转场"选项卡，打开"过滤"素材库，选择"打碎"转场效果，如图5-56所示。

🔍步骤 02　按住鼠标左键将其拖曳至故事板中的两幅图像素材之间，添加转场效果，如图5-57所示。

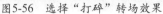

图5-56　选择"打碎"转场效果

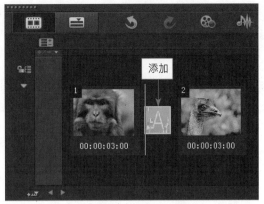

图5-57　添加转场效果

步骤 03　单击"播放"按钮，即可预览制作的画面打碎转场效果，如图5-58所示。

图5-58　预览画面打碎转场效果

实例73　制作交叉淡化转场效果

在会声会影X10中，"交叉淡化"转场效果是"过滤"转场类型中较为常用的一种，使素材A逐渐淡化显示素材B。下面介绍制作交叉淡化转场效果的操作方法。

扫描前言二维码获取文件资源	素材文件	素材\第5章\奇异建筑(1).jpg、奇异建筑(2).jpg
	效果文件	效果\第5章\奇异建筑.VSP
	视频文件	视频\第5章\实例73　制作交叉淡化转场效果.mp4

步骤 01　进入会声会影编辑器，在故事板中插入两幅图像素材，切换至"转场"选项卡，打开"过滤"素材库，选择"交叉淡化"转场效果，如图5-59所示。

步骤 02　按住鼠标左键将其拖曳至故事板中的两幅图像素材之间，添加转场效果，如图5-60所示。

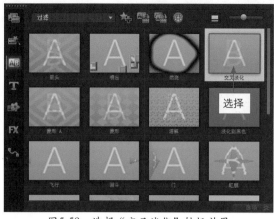

图5-59 选择"交叉淡化"转场效果

图5-60 添加转场效果

步骤 03 单击"播放"按钮,即可预览制作的交叉淡化转场效果,如图5-61所示。

图5-61 预览交叉淡化转场效果

实例74 制作画面断电转场效果

在会声会影X10中,用户还可以利用转场效果制作出画面断电重启特效。下面介绍制作画面断电转场效果的操作方法。

扫描前言二维码 获取文件资源	素材文件	素材\第5章\城市的夜(1).jpg、城市的夜(2).jpg
	效果文件	效果\第5章\城市的夜.VSP
	视频文件	视频\第5章\实例74 制作画面断电转场效果.mp4

步骤 01 进入会声会影编辑器,在故事板中插入两幅图像素材,切换至"转场"选项卡,打开"过滤"素材库,选择"断电"转场效果,如图5-62所示。

步骤 02 按住鼠标左键将其拖曳至故事板中的两幅图像素材之间,添加转场效果,如图5-63所示。

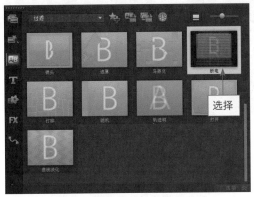

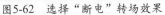

图5-62　选择"断电"转场效果

图5-63　添加转场效果

步骤 03　单击"播放"按钮，即可预览制作的画面断电转场效果，如图5-64所示。

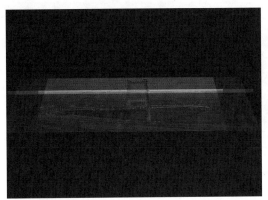

图5-64　预览画面断电转场效果

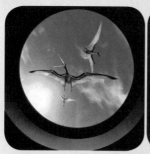

第6章

专业特效：运用滤镜制作视频特效

学习提示

　　会声会影X10为用户提供了多种滤镜效果，对视频素材进行编辑时，可以将它应用到视频素材上，通过视频滤镜不仅可以掩饰视频素材的瑕疵，还可以令视频产生绚丽的视觉效果，使制作出来的视频更具表现力。本章主要向读者介绍运用滤镜制作视频特效的各种方法。

🗑 CLEAR　　⬆ SUBMIT

本章重点导航

🗑 CLEAR　　⬆ SUBMIT

实例75　制作单个滤镜效果

　　视频滤镜是指可以应用到素材上的效果，它可以改变素材的外观和样式，用户可以通过运用这些视频滤镜，对素材进行美化，制作出精美的视频作品。下面介绍制作单个视频滤镜效果的操作方法。

扫描前言二维码获取文件资源	素材文件	素材\第6章\自由飞翔.jpg
	效果文件	效果\第6章\自由飞翔.VSP
	视频文件	视频\第6章\实例75　制作单个滤镜效果.mp4

步骤 01　进入会声会影编辑器，在故事板中插入一幅图像素材，在预览窗口中可以预览素材的画面效果，如图6-1所示。

步骤 02　在素材库的左侧单击"滤镜"按钮，切换至"滤镜"选项卡，单击窗口上方的"画廊"按钮，在弹出的列表框中选择"三维纹理映射"选项，打开"三维纹理映射"素材库，选择"鱼眼"滤镜效果，如图6-2所示。

图6-1　预览视频画面效果

图6-2　选择"鱼眼"滤镜效果

步骤 03　在选择的滤镜效果上，按住鼠标左键将其拖曳至故事板中的图像素材上，此时鼠标右下角将显示一个加号，释放鼠标左键，即可添加视频滤镜效果，如图6-3所示。

步骤 04　执行上述操作后，即可在预览窗中预览添加滤镜的画面效果，如图6-4所示。

图6-3　添加视频滤镜效果

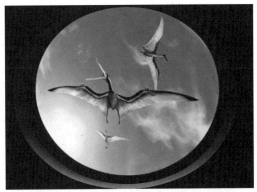

图6-4　预览滤镜画面效果

实例76 制作多个滤镜效果

在会声会影X10中,当用户为一个图像素材添加多个视频滤镜效果时,所产生的效果是多个视频滤镜效果的叠加。会声会影X10允许用户最多只能在同一个素材上添加5个视频滤镜效果。下面介绍制作多个视频滤镜的操作方法。

扫描前言二维码 获取文件资源	素材文件	素材\第6章\机敏猫咪.jpg
	效果文件	效果\第6章\机敏猫咪.VSP
	视频文件	视频\第6章\实例76 制作多个滤镜效果.mp4

🔍**步骤 01** 进入会声会影编辑器,在故事板中插入一幅图像素材,在预览窗口中可以预览图像效果,如图6-5所示。

🔍**步骤 02** 单击"滤镜"按钮,切换至"滤镜"选项卡,打开"暗房"素材库,在其中选择"色调和饱和度"滤镜效果,按住鼠标左键将其拖曳至故事板中的图像素材上,释放鼠标左键,即可在"属性"选项面板中查看已添加的视频滤镜效果,如图6-6所示。

图6-5 预览图像效果

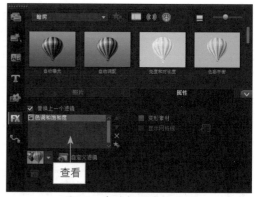

图6-6 查看视频滤镜效果

🔍**步骤 03** 取消选中"替换上一个滤镜",用与上述相同的方法,为图像素材再次添加"视频摇动和缩放"滤镜效果,在"属性"选项面板中查看滤镜效果,单击导览面板中的"播放"按钮,即可在预览窗口中预览多个视频滤镜效果,如图6-7所示。

图6-7 预览多个视频滤镜效果

实例77 删除滤镜效果

在会声会影X10中，如果用户对某个滤镜效果不满意，此时可将该视频滤镜删除。用户可以在"属性"选项面板中删除一个视频滤镜或多个视频滤镜。下面介绍删除视频滤镜的操作方法。

扫描前言二维码获取文件资源	素材文件	素材\第6章\皓月当空.VSP
	效果文件	效果\第6章\皓月当空.VSP
	视频文件	视频\第6章\实例77　删除滤镜效果.mp4

步骤 01 进入会声会影编辑器，单击"文件"|"打开项目"命令，打开一个项目文件，单击"播放"按钮，预览视频画面效果，如图6-8所示。

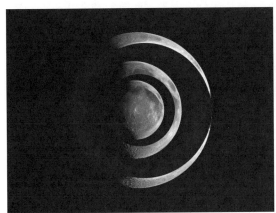

图6-8　预览视频画面效果

步骤 02 在故事板中双击需要删除视频滤镜的素材文件，展开"属性"选项面板，在滤镜列表框中选择"波纹"视频滤镜，单击滤镜列表框右下方的"删除滤镜"按钮，如图6-9所示，即可删除选择的滤镜效果。

步骤 03 在预览窗口中可以预览删除视频滤镜后的视频画面效果，如图6-10所示。

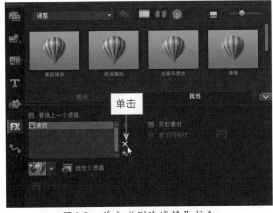

图6-9　单击"删除滤镜"按钮　　图6-10　预览视频画面效果

实例78 自定义滤镜属性参数

在会声会影X10中,对视频滤镜效果进行自定义操作,可以制作出更加精美的画面效果。下面介绍视频滤镜自定义的操作方法。

扫描前言二维码获取文件资源	素材文件	素材\第6章\黄色花朵jpg
	效果文件	效果\第6章\黄色花朵VSP
	视频文件	视频\第6章\实例78 自定义滤镜属性参数.mp4

步骤 01 进入会声会影编辑器,在故事板中插入一幅图像素材,在预览窗口中可预览插入的素材效果,如图6-11所示。

步骤 02 在"滤镜"素材库中选择"气泡"滤镜,按住鼠标左键将其拖曳至故事板中的图像素材上方,在"属性"选项面板中单击"自定义滤镜"按钮,如图6-12所示。

图6-11 预览素材效果

图6-12 单击"自定义滤镜"按钮

步骤 03 弹出"气泡"对话框,设置"大小"为15,选择最后一个关键帧,设置"大小"为20,如图6-13所示。

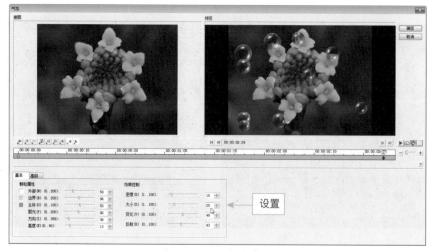

图6-13 设置相应参数

步骤 04　设置完成后，单击"确定"按钮，即可自定义视频滤镜效果，单击导览面板中的"播放"按钮，预览自定义的滤镜效果，如图6-14所示。

图6-14　预览自定义滤镜效果

实例79　制作人物视频肖像画特效

在会声会影X10中，"肖像画"滤镜效果主要用于描述人物肖像画的形状，制作视频画面周围呈方形的羽化效果。下面介绍应用"肖像画"视频滤镜制作视频特效的操作方法。

扫描前言二维码 获取文件资源	素材文件	素材\第6章\翩翩少年.jpg
	效果文件	效果\第6章\翩翩少年.VSP
	视频文件	视频\第6章\实例79　制作人物视频肖像画特效.mp4

步骤 01　进入会声会影编辑器，在故事板中插入一幅图像素材，在"滤镜"素材库中选择"肖像画"滤镜效果，按住鼠标左键将其拖曳至故事板中的图像素材上方，释放鼠标左键，即可添加"肖像画"滤镜，如图6-15所示。

步骤 02　在预览窗口中可以预览制作的视频周围的羽化效果，如图6-16所示。

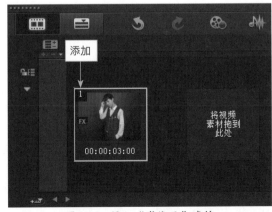

图6-15　添加"肖像画"滤镜　　　　　　图6-16　预览视频滤镜效果

实例80 制作电闪雷鸣的天气特效

在会声会影X10中，"闪电"滤镜可以模仿大自然中电闪雷鸣的效果。下面向读者介绍应用"闪电"滤镜的操作方法。

扫描前言二维码获取文件资源	素材文件	素材\第6章\电闪雷鸣.jpg
	效果文件	效果\第6章\电闪雷鸣.VSP
	视频文件	视频\第6章\实例80　制作电闪雷鸣的天气特效.mp4

步骤 01 在故事板中插入一幅图像素材，在"滤镜"素材库中选择"闪电"滤镜效果，按住鼠标左键将其拖曳至故事板中的图像素材上方，添加"闪电"滤镜，如图6-17所示。

步骤 02 单击导览面板中的"播放"按钮，预览电闪雷鸣的画面特效，如图6-18所示。

图6-17　添加滤镜效果

图6-18　预览电闪雷鸣的画面特效

实例81 制作彩色的人像手绘特效

在会声会影X10中，"彩色笔"滤镜可以制作人像手绘效果。下面向读者介绍应用"彩色笔"滤镜的操作方法。

扫描前言二维码获取文件资源	素材文件	素材\第6章\青春靓丽.jpg
	效果文件	效果\第6章\青春靓丽.VSP
	视频文件	视频\第6章\实例81　制作彩色的人像手绘特效.mp4

步骤 01 进入会声会影编辑器，在故事板中插入一幅图像素材，如图6-19所示。

步骤 02 在"滤镜"素材库中选择"彩色笔"滤镜效果，按住鼠标左键将其拖曳至故事板中的图像素材上方，添加"彩色笔"滤镜，如图6-20所示。

图6-19　插入一幅图像素材　　　　　　　　图6-20　添加"彩色笔"滤镜

步骤 03　单击导览面板中的"播放"按钮，预览制作的人像手绘特效，如图6-21所示。

图6-21　预览人像手绘特效

实例82　制作电视台面部遮挡特效

在会声会影X10中，使用"修剪"滤镜与"马赛克"滤镜可以制作出人像局部马赛克特效，下面介绍具体的制作方法。

扫描前言二维码 获取文件资源	素材文件	素材\第6章\可爱女孩.jpg
	效果文件	效果\第6章\可爱女孩.VSP
	视频文件	视频\第6章\实例82　制作电视台面部遮挡特效.mp4

步骤 01　进入会声会影编辑器，在时间轴面板的视频轨中插入一幅图像素材，将视频轨中的素材复制到覆叠轨中，如图6-22所示。

步骤 02　在预览窗口中拖动控制柄调整覆叠素材与视频轨素材大小一致，如图6-23所示。

步骤 03　在覆叠素材上添加"修剪"滤镜，单击"自定义滤镜"按钮，弹出"修剪"对话框，在下方设置"宽度"为20、"高度"为20、"填充色"为白色，调整修剪区域，如图6-24所示，选择第2个关键帧，设置相同的参数和修剪区域。

图6-22 复制到覆叠轨中

图6-23 调整素材大小

图6-24 设置修剪参数

🔍**步骤 04** 设置完成后，单击"确定"按钮，在"属性"选项面板中单击"遮罩和色度键"按钮，进入相应选项面板，在其中选中"应用覆叠选项"复选框，设置"类型"为"色度键"、"相似度"为0，吸取颜色为白色，如图6-25所示，对覆叠素材进行抠图操作。

🔍**步骤 05** 设置完成后，为覆叠轨中的素材添加"马赛克"滤镜，并设置预设样式，即可完成电视台面部遮挡特效的制作，如图6-26所示。

🔍**步骤 06** 单击导览面板中的"播放"按钮，即可预览画面效果，如图6-27所示。

图6-25 设置抠图的相关参数

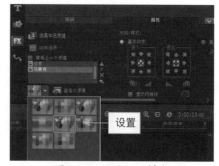

图6-26 设置预设样式

图6-27　预览电视台面部遮挡特效

实例83　制作细雨绵绵视频特效

　　在会声会影X10中，"雨点"滤镜效果可以在画面上添加雨丝的效果，模仿大自然中下雨的场景。

扫描前言二维码 获取文件资源	素材文件	素材\第6章\植物生长.jpg
	效果文件	效果\第6章\植物生长.VSP
	视频文件	视频\第6章\实例83　制作细雨绵绵视频特效.mp4

　🔍**步骤 01**　进入会声会影编辑器，在故事板中插入一幅图像素材，如图6-28所示。

　🔍**步骤 02**　在"滤镜"素材库中单击窗口上方的"画廊"按钮，在弹出的列表框中选择"特殊"选项，在"特殊"滤镜组中选择"雨点"滤镜效果，如图6-29所示，按住鼠标左键将其拖曳至故事板中的图像素材上方，添加"雨点"滤镜。

图6-28　插入一幅图像素材

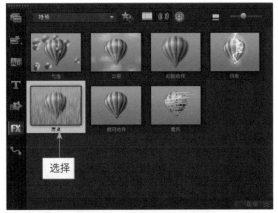

图6-29　选择"雨点"滤镜

　🔍**步骤 03**　单击导览面板中的"播放"按钮，预览细雨绵绵画面特效，如图6-30所示。

图6-30 预览细雨绵绵画面特效

实例84 制作雪花飞舞视频特效

使用"雨点"滤镜效果不仅可以制作出下雨的效果，还可以模仿大自然中下雪的场景。

扫描前言二维码 获取文件资源	素材文件	素材\第6章\荷叶露珠.jpg
	效果文件	效果\第6章\荷叶露珠.VSP
	视频文件	视频\第6章\实例84 制作雪花飞舞视频特效.mp4

🔍**步骤 01** 进入会声会影编辑器，在故事板中插入一幅图像素材，在"滤镜"选项卡中单击窗口上方的"画廊"按钮，在弹出的列表框中选择"特殊"选项，在"特殊"素材库中选择"雨点"滤镜效果，按住鼠标左键将其拖曳至故事板中的图像素材上方，添加"雨点"滤镜，如图6-31所示。

🔍**步骤 02** 切换至"属性"选项面板，在其中单击"自定义滤镜"按钮，如图6-32所示。

图6-31 添加"雨点"滤镜   图6-32 单击"自定义滤镜"按钮

🔍**步骤 03** 弹出"雨点"对话框，选择第1帧，设置"密度"为500、"长度"为5、"宽度"为40、"背景模糊"为15、"变化"为65，设置完成后选择最后一个关键帧，设置各参数，如图6-33所示。

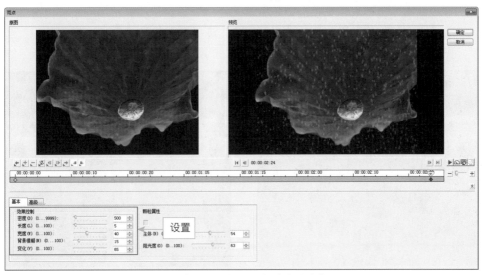

图6-33　设置最后一个关键帧参数

步骤 04 设置完成后单击"确定"按钮，单击导览面板中的"播放"按钮，即可预览制作的雪花纷飞画面特效，如图6-34所示。

图6-34　预览雪花纷飞画面特效

实例85　制作云彩移动视频特效

使用"云彩"滤镜效果可以制作出天空中云彩移动的效果。下面介绍云彩移动特效的具体操作步骤。

扫描前言二维码获取文件资源	素材文件	素材\第6章\湖心孤舟.jpg
	效果文件	效果\第6章\湖心孤舟.VSP
	视频文件	视频\第6章\实例85　制作云彩移动视频特效.mp4

步骤 01 进入会声会影编辑器，在故事板中插入一幅图像素材，在预览窗口中可以预览图像效果，如图6-35所示。

🔍步骤 02　在"滤镜"选项卡中单击窗口上方的"画廊"按钮，在弹出的列表框中选择"特殊"选项，在"特殊"素材库中选择"云彩"滤镜效果，按住鼠标左键将其拖曳至故事板中的图像素材上方，添加"云彩"滤镜，并设置预设样式，如图6-36所示。

 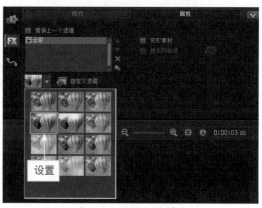

图6-35　预览图像效果　　　　　　　　　图6-36　设置预设样式

🔍步骤 03　单击导览面板中的"播放"按钮，预览云彩移动视频特效，如图6-37所示。

图6-37　预览云彩移动视频特效

实例86　制作阳光照射视频特效

在"相机镜头"素材库中，使用"镜头闪光"滤镜效果可以制作出阳光照射的视频特效。

扫描前言二维码 获取文件资源	素材文件	素材\第6章\海岸风景.jpg
	效果文件	效果\第6章\海岸风景.VSP
	视频文件	视频\第6章\实例86　制作阳光照射视频特效.mp4

🔍步骤 01　进入会声会影编辑器，在故事板中插入一幅图像素材，如图6-38所示。

🔍步骤 02　在"滤镜"选项卡中单击窗口上方的"画廊"按钮，在弹出的列表框中选择"相机镜头"选项，在"相机镜头"素材库中选择"镜头闪光"滤镜效果，如图6-39所示，按住鼠标左键将其拖曳至故事板中的图像素材上方，添加"镜头闪光"滤镜。

图6-38　插入一幅图像素材　　　　图6-39　选择"镜头闪光"滤镜效果

🔍**步骤 03**　单击导览面板中的"播放"按钮，预览阳光照射视频特效，如图6-40所示。

图6-40　预览阳光照射视频特效

实例87　制作古装老电影特效

　　在会声会影X10中，运用"老电影"滤镜可以制作出古装老电影的效果。下面介绍制作古装老电影视频效果的操作方法。

扫描前言二维码 获取文件资源	素材文件	素材\第6章\民国情侣.jpg
	效果文件	效果\第6章\民国情侣.VSP
	视频文件	视频\第6章\实例87　制作古装老电影特效.mp4

🔍**步骤 01**　进入会声会影编辑器，在故事板中插入一幅图像素材，在"滤镜"素材库中选择"老电影"滤镜效果，按住鼠标左键将其拖曳至故事板中的图像素材上方，添加"老电影"滤镜，如图6-41所示。

🔍**步骤 02**　执行上述操作后，单击导览面板中的"播放"按钮，即可预览制作的古装老电影特效，如图6-42所示。

图6-41 添加"老电影"滤镜

图6-42 预览制作的古装老电影特效

实例88 制作电视画面回忆特效

在会声会影X10中,"双色调"是"相机镜头"素材库中一个比较常用的滤镜,运用"双色调"滤镜可以制作出电视画面回忆的效果。下面介绍应用"双色调"滤镜制作电视画面回忆效果的操作方法。

扫描前言二维码获取文件资源	素材文件	素材\第6章\回忆幸福.jpg
	效果文件	效果\第6章\回忆幸福.VSP
	视频文件	视频\第6章\实例88 制作电视画面回忆特效.mp4

🔍**步骤 01** 进入会声会影编辑器,在故事板中插入一幅图像素材,在预览窗口中可以预览图像效果,如图6-43所示。

🔍**步骤 02** 在"滤镜"素材库中选择"双色调"滤镜,按住鼠标左键将其拖曳至故事板中的图像素材上方,添加"双色调"滤镜,如图6-44所示。

图6-43 预览图像效果

图6-44 添加"双色调"滤镜

🔍**步骤 03** 在"属性"选项面板中单击"自定义滤镜"左侧的下三角按钮,在弹出的列表框中选择第1行第2个预设样式,如图6-45所示。

步骤 04 执行操作后，即可在预览窗口中预览制作的电视画面回忆特效，如图6-46所示。

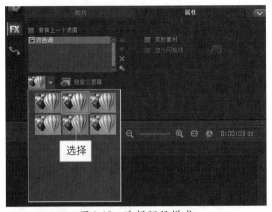

图6-45　选择预设样式

图6-46　预览电视画面回忆特效

实例89　制作空间个性化签名效果

　　在会声会影X10中，用户可以通过"自动草绘"滤镜制作出属于自己的贴吧动态签名档效果，用户将签名档图像制作完成后，可自行上传至QQ空间、百度贴吧、博客空间等网站。下面介绍应用"自动草绘"滤镜制作空间个性化签名效果的操作方法。

扫描前言二维码获取文件资源	素材文件	素材\第6章\签名自拍.jpg
	效果文件	效果\第6章\签名自拍.VSP
	视频文件	视频\第6章\实例89　制作空间个性化签名效果.mp4

步骤 01 进入会声会影编辑器，在故事板中插入一幅图像素材，在预览窗口中可以预览图像效果，如图6-47所示。

步骤 02 在"滤镜"选项卡中单击窗口上方的"画廊"按钮，在弹出的列表框中选择"自然绘图"选项，在"自然绘图"素材库中选择"自动草绘"滤镜效果，如图6-48所示，按住鼠标左键将其拖曳至故事板中的图像素材上方，添加"自动草绘"滤镜。

图6-47　预览图像素材效果

图6-48　选择"自动草绘"滤镜

步骤 03 执行上述操作后,单击导览面板中的"播放"按钮,即可预览空间个性化签名效果,如图6-49所示。

图6-49 预览空间个性化签名效果

实例90 制作星球旋转视频特效

在会声会影X10中,用户可以使用"鱼眼"滤镜制作球形状态效果。下面介绍制作星球旋转效果的方法。

扫描前言二维码获取文件资源	素材文件	素材\第6章\两小无猜.VSP
	效果文件	效果\第6章\两小无猜.VSP
	视频文件	视频\第6章\实例90 制作星球旋转视频特效.mp4

步骤 01 进入会声会影编辑器,打开一个项目文件,在预览窗口中可以预览项目效果,如图6-50所示。

步骤 02 选择覆叠轨中的素材,在"属性"选项面板中单击"遮罩和色度键"按钮,选中"应用覆叠选项"复选框,设置"类型"为"遮罩帧",在右侧选择第1行第1个遮罩样式,如图6-51所示。

 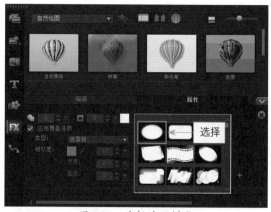

图6-50 预览项目效果　　　　　图6-51 选择遮罩样式

步骤 03 在"滤镜"选项卡中单击窗口上方的"画廊"按钮，在弹出的列表框中选择"三维纹理映射"选项，在"三维纹理映射"素材库中选择"鱼眼"滤镜效果，如图6-52所示，按住鼠标左键将其拖曳至覆叠轨中的图像素材上方，添加"鱼眼"滤镜。

步骤 04 执行上述操作后，在预览窗口中可以预览制作的星球旋转效果，如图6-53所示。

图6-52 选择"鱼眼"滤镜效果

图6-53 预览制作的星球旋转效果

实例91 打造唯美视频画质MTV色调

在会声会影X10中，应用"发散光晕"滤镜可以制作出非常唯美的MTV视频画面色调特效。下面向读者介绍应用"发散光晕"滤镜的操作方法。

扫描前言二维码获取文件资源	素材文件	素材\第6章\可爱木偶.jpg
	效果文件	效果\第6章\可爱木偶.VSP
	视频文件	视频\第6章\实例91 打造唯美视频画质MTV色调.mp4

步骤 01 进入会声会影编辑器，在故事板中插入一幅图像素材，在预览窗口中预览画面效果，如图6-54所示。

步骤 02 在"滤镜"素材库中单击窗口上方的"画廊"按钮，在弹出的列表框中选择"相机镜头"选项，在"相机镜头"滤镜组中选择"发散光晕"滤镜效果，如图6-55所示，按住鼠标左键将其拖曳至故事板中的图像素材上方，添加"发散光晕"滤镜。

图6-54 预览画面效果

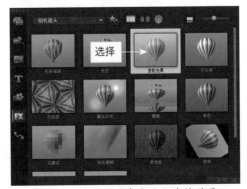

图6-55 选择"发散光晕"滤镜效果

步骤 03 在预览窗口中即可预览制作的唯美MTV视频画面色调效果,如图6-56所示。

图6-56 预览制作的唯美MTV视频画面色调效果

实例92 为视频二维码添加马赛克

在会声会影X10中,"局部马赛克"是"NewBlue视频精选Ⅰ"素材库中的一个比较常用的滤镜,运用"局部马赛克"滤镜可以为视频二维码添加马赛克。下面介绍使用"局部马赛克"滤镜为视频二维码添加马赛克的方法。

扫描前言二维码 获取文件资源	素材文件	素材\第6章\冰镇果汁.VSP
	效果文件	效果\第6章\冰镇果汁.VSP
	视频文件	视频\第6章\实例92 为视频二维码添加马赛克.mp4

步骤 01 进入会声会影编辑器,打开一个项目文件,并预览项目效果,如图6-57所示。

步骤 02 在"滤镜"素材库中单击窗口上方的"画廊"按钮,在弹出的列表框中选择"NewBlue视频精选Ⅰ"选项,在"NewBlue视频精选Ⅰ"滤镜组中选择"局部马赛克"滤镜效果,如图6-58所示,按住鼠标左键将其拖曳至视频轨中的视频素材上方,添加"局部马赛克"滤镜。

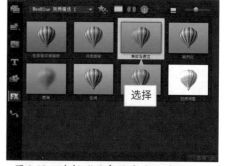

图6-57 预览项目效果   图6-58 选择"局部马赛克"滤镜效果

步骤 03 在"属性"选项面板中单击"自定义滤镜"按钮,如图6-59所示。

步骤 04 弹出"NewBlue马赛克"对话框,取消选中"使用关键帧"复选框,设置X为-55.8、Y为-58.1、"宽度"为20.0、"高度"为25、"区块大小"为15,如图6-60所示。

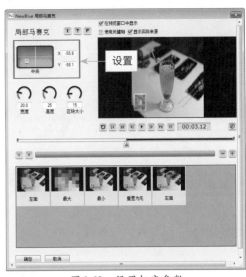

图6-59　单击"自定义滤镜"按钮　　　　　　　　图6-60　设置相应参数

步骤 05 执行上述操作后，单击"确定"按钮，回到会声会影界面，单击导览面板中的"播放"按钮，即可预览视频效果，如图6-61所示。

图6-61　预览视频效果

实例93　无痕迹隐藏视频水印

在会声会影X10中，用户有多种方法可以无痕迹隐藏视频水印，使用"修剪"滤镜可以快速有效地去除水印。下面介绍使用"修剪"滤镜去除水印的方法。

扫描前言二维码 获取文件资源	素材文件	素材\第6章\异国建筑.mpg
	效果文件	效果\第6章\异国建筑.VSP
	视频文件	视频\第6章\实例93　无痕迹隐藏视频水印.mp4

步骤 01 进入会声会影编辑器，在视频轨中插入一段视频素材，如图6-62所示。

步骤 02 选择视频轨中的素材，单击鼠标右键，在弹出的快捷菜单中选择"复制"命令，复制视频到覆叠轨中，如图6-63所示。

图6-62　插入一段视频素材

图6-63　复制视频到覆叠轨

步骤 03 在预览窗口中的覆叠素材上单击鼠标右键，在弹出的快捷菜单中选择"调整到屏幕大小"命令，如图6-64所示。

步骤 04 在"滤镜"选项卡中单击窗口上方的"画廊"按钮，在弹出的列表框中选择"二维映射"选项，在"二维映射"素材库中选择"修剪"滤镜效果，如图6-65所示，按住鼠标左键将其拖曳至覆叠轨中的视频素材上方，添加"修剪"滤镜。

图6-64　选择"调整到屏幕大小"命令

图6-65　添加"修剪"滤镜

步骤 05 在"属性"选项面板中单击"自定义滤镜"按钮，弹出"修剪"对话框，设置"宽度"为5、"高度"为30，并设置区间位置，选择第一个关键帧，单击鼠标右键，在弹出的快捷菜单中选择"复制"命令，选择最后的关键帧，单击鼠标右键，在弹出的快捷菜单中选择"粘贴"命令，设置完成后，单击"确定"按钮，如图6-66所示。

图6-66　设置相关参数

🔍**步骤** 06 　在"属性"选项面板中单击"遮罩和色度键"按钮，选中"应用覆叠选项"复选框，设置"类型"为"色度键"，设置"针对遮罩的色彩相似度"为0，在预览窗口中拖曳覆叠素材至合适位置，即可无痕迹隐藏视频水印，单击导览面板中的"播放"按钮，预览制作的去除水印后的视频画面，如图6-67所示。

图6-67　预览制作的去除水印后的视频画面

实例94　制作相机拍照视频特效

在会声会影X10中，每个滤镜有不同的使用方法，例如用户可以运用"修剪"滤镜制作照相快门效果。下面介绍运用"修剪"滤镜制作相机拍照视频的操作方法。

扫描前言二维码 获取文件资源	素材文件	素材\第6章\钢琴女孩.jpg、照相快门.mp3
	效果文件	效果\第6章\钢琴女孩.VSP
	视频文件	视频\第6章\实例94　制作相机拍照视频特效.mp4

🔍**步骤** 01 　进入会声会影编辑器，在视频轨中插入一幅图像素材，如图6-68所示。

🔍**步骤** 02 　在声音轨中插入一段拍照快门声音的音频素材，拖动时间轴滑块到音频文件的结尾处，选择视频轨中的图像素材，单击鼠标右键，在弹出的快捷菜单中选择"分割素材"命令，如图6-69所示。

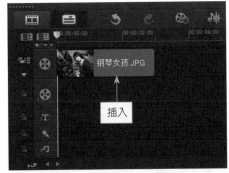

图6-68　插入图像素材　　　　　　　　图6-69　选择"分割素材"命令

🔍**步骤** 03 　选择分割后的第一段图像素材，切换至"滤镜"素材库中，选择"修剪"滤镜效果，如图6-70所示，按住鼠标左键将其拖曳至视频轨中的素材上方，添加"修剪"滤镜。

🔍步骤 04 在"属性"选项面板中单击"自定义滤镜"按钮,如图6-71所示。

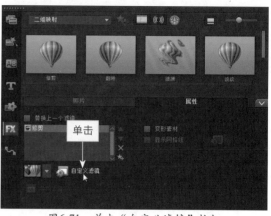

图6-70 选择"修剪"滤镜效果　　　　　　　图6-71 单击"自定义滤镜"按钮

🔍步骤 05 弹出"修剪"对话框,选择开始位置的关键帧,设置"宽度"为100、"高度"为0,单击"确定"按钮,如图6-72所示,即可完成设置。

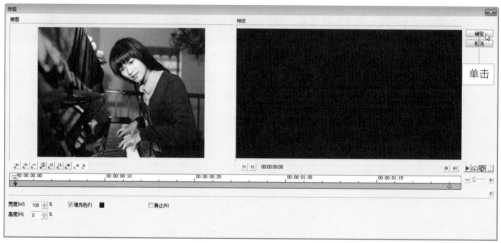

图6-72 设置相关参数

🔍步骤 06 单击导览面板中的"播放"按钮,即可预览制作的相机拍照视频效果,并试听音频效果,如图6-73所示。

图6-73 预览制作的相机拍照视频效果

第7章

丰富画面：运用覆叠制作视频特效

学习提示

在会声会影X10中，用户在覆叠轨中可以添加图像或视频等素材，覆叠功能可以使视频轨上的视频图像相互交织，组合成各式各样的视觉效果。本章主要介绍制作视频覆叠遮罩特效的各种方法，希望读者学完以后可以制作出更多精彩的覆叠遮罩特效。

🗑 CLEAR ⬆ SUBMIT

本章重点导航

- 实例95　添加覆叠素材
- 实例96　删除覆叠素材
- 实例97　制作多覆叠画中画特效
- 实例98　调整覆叠对象大小样式
- 实例99　调整覆叠画面区间长度
- 实例100　制作覆叠画面边框特效

实例101　制作望远镜视频画面效果
实例102　制作视频画面拼图效果
实例103　制作情侣爱心画面效果
实例104　制作视频圆形遮罩效果
实例105　制作视频矩形遮罩效果
实例106　制作视频特定遮罩效果

🗑 CLEAR ⬆ SUBMIT

实例95 添加覆叠素材

在会声会影X10中，用户可以根据需要在覆叠轨中添加相应的覆叠素材，从而制作出更具观赏性的视频作品。下面介绍添加覆叠素材的操作方法。

扫描前言二维码 获取文件资源	素材文件	素材\第7章\明艳动人.jpg、边框.png
	效果文件	效果\第7章\明艳动人.VSP
	视频文件	视频\第7章\实例95　添加覆叠素材.mp4

🔍 **步骤 01** 进入会声会影编辑器，在视频轨中插入一幅图像素材，如图7-1所示。

🔍 **步骤 02** 在覆叠轨中的适当位置单击鼠标右键，在弹出的快捷菜单中选择"插入照片"命令，弹出"浏览照片"对话框，在其中选择相应的照片素材，单击"打开"按钮，即可在覆叠轨中添加相应的覆叠素材，在预览窗口中调整覆叠素材的大小和位置，如图7-2所示。

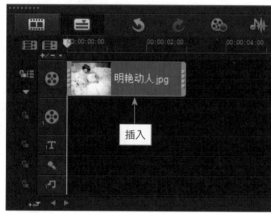

图7-1　插入图像素材

图7-2　调整覆叠素材的位置

🔍 **步骤 03** 执行上述操作后，即可完成覆叠素材的添加，在预览窗口中可以预览覆叠效果，如图7-3所示。

图7-3　预览覆叠效果

实例96　删除覆叠素材

在会声会影X10中，如果用户不需要覆叠轨中的素材，可以将其删除。下面介绍删除覆叠素材的操作方法。

扫描前言二维码获取文件资源	素材文件	素材\第7章\窈窕淑女.VSP
	效果文件	效果\第7章\窈窕淑女.VSP
	视频文件	视频\第7章\实例96　删除覆叠素材.mp4

步骤 01　进入会声会影编辑器，打开一个项目文件，在预览窗口中预览打开的项目效果，如图7-4所示。

步骤 02　选择覆叠轨中的素材，单击鼠标右键，在弹出的快捷菜单中选择"删除"命令，即可删除覆叠轨中的素材，在预览窗口中可以预览删除覆叠素材后的效果，如图7-5所示。

图7-4　预览项目效果

图7-5　预览删除覆叠素材后的效果

实例97　制作多覆叠画中画特效

运用会声会影X10的覆叠功能，可以在画面中制作出多重画面的效果。用户还可以根据需要为画中画添加边框、透明度和动画等效果。下面向读者介绍制作带边框的画中画效果。

扫描前言二维码获取文件资源	素材文件	素材\第7章\天空背景.jpg、莲花1.jpg、莲花2.jpg、莲花3.jpg
	效果文件	效果\第7章\天空莲花.VSP
	视频文件	视频\第7章\实例97　制作多覆叠画中画特效.mp4

步骤 01　进入会声会影编辑器，在视频轨和覆叠轨中分别插入一幅图像素材，在预览窗口中可以预览覆叠素材画面效果，如图7-6所示。

步骤 02　打开"属性"选项面板，在"进入"选项组中单击"从左边进入"按钮，如图7-7所示。

图7-6 预览覆叠素材画面效果

图7-7 单击"从左边进入"按钮

步骤 03 在预览窗口中调整覆叠素材的大小，并拖曳素材至合适位置，在导览面板中调整覆叠素材暂停区间的长度，如图7-8所示。

步骤 04 单击"设置"|"轨道管理器"命令，弹出"轨道管理器"对话框，单击"覆叠轨"右侧的下拉按钮，在弹出的下拉列表中选择3选项，单击"确定"按钮，即可在时间轴面板中新增3条覆叠轨道，在新增的覆叠轨中添加并设置相应的素材，如图7-9所示。

图7-8 调整覆叠素材暂停区间的长度

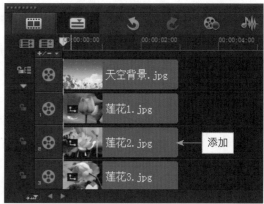

图7-9 添加并设置相应的素材

步骤 05 为3个覆叠素材添加边框，单击导览面板中的"播放"按钮，即可预览画面效果，如图7-10所示。

图7-10 预览画面效果

实例98　调整覆叠对象大小样式

在会声会影X10中，如果添加到覆叠轨中的素材大小不符合需要，用户可根据需要在预览窗口中调整覆叠素材的大小。下面介绍调整覆叠对象大小的操作方法。

扫描前言二维码 获取文件资源	素材文件	素材\第7章\蝴蝶翩翩.jpg、蝴蝶翩翩.png
	效果文件	效果\第7章\蝴蝶翩翩.VSP
	视频文件	视频\第7章\实例98　调整覆叠对象大小样式.mp4

步骤 01 进入会声会影编辑器，在视频轨和覆叠轨中分别插入一幅图像素材，在预览窗口中可以预览素材效果，如图7-11所示。

步骤 02 在预览窗口中选择需要调整大小的蝴蝶素材，将鼠标指针移至素材四周的控制柄上，按住鼠标左键拖曳至合适位置后释放鼠标左键，即可调整覆叠素材的大小，然后调整覆叠素材的位置，即可得到最终效果，如图7-12所示。

图7-11　预览素材效果

图7-12　最终效果

实例99　调整覆叠画面区间长度

在会声会影X10中，用户可以通过拖曳素材右侧的黄色标记，对图像素材进行编辑。下面介绍调整覆叠画面区间长度的操作方法。

扫描前言二维码 获取文件资源	素材文件	素材\第7章\简约艺术.mpg、简约艺术.png
	效果文件	效果\第7章\简约艺术.VSP
	视频文件	视频\第7章\实例99　调整覆叠画面区间长度.mp4

步骤 01 进入会声会影编辑器，在视频轨中插入一段视频素材，如图7-13所示。

🔍**步骤 02** 在覆叠轨中插入相应的覆叠素材,在预览窗口中调整覆叠素材的大小和位置,然后在覆叠轨中拖曳素材右侧的黄色标记至00:00:06:00的位置,如图7-14所示,释放鼠标左键,即可调整覆叠画面的区间长度。

图7-13 插入一段视频素材

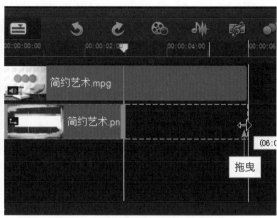

图7-14 拖曳素材右侧的黄色标记

🔍**步骤 03** 在导览面板中单击"播放"按钮,预览覆叠画面效果,如图7-15所示。

图7-15 预览覆叠画面效果

实例100 制作覆叠画面边框特效

在会声会影X10中,边框是为图像添加装饰的另一种简单而实用的方式,它能够让枯燥的画面变得生动。下面介绍设置覆叠对象边框的操作方法。

扫描前言二维码 获取文件资源	素材文件	素材\第7章\轨道交通.VSP
	效果文件	效果\第7章\轨道交通.VSP
	视频文件	视频\第7章\实例100 制作覆叠画面边框特效.mp4

🔍**步骤 01** 进入会声会影编辑器,打开一个项目文件,并预览项目效果,如图7-16所示。

步骤 02　在覆叠轨中选择需要设置边框效果的覆叠素材，打开"属性"选项面板，单击"遮罩和色度键"按钮，打开"遮罩和色度键"选项面板，在"边框"数值框中输入3，在预览窗口中即可预览覆叠素材的边框效果，如图7-17所示。

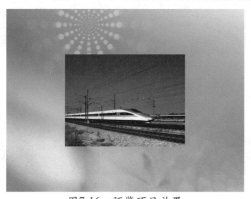 

图7-16　预览项目效果　　　　　　　　　图7-17　预览覆叠素材的边框效果

实例101　制作望远镜视频画面效果

在会声会影X10中，用户可以运用覆叠制作望远镜画面效果。下面介绍制作望远镜视频画面效果的操作方法。

扫描前言二维码获取文件资源	素材文件	素材\第7章\山水美景.jpg
	效果文件	效果\第7章\山水美景.VSP
	视频文件	视频\第7章\实例101　制作望远镜视频画面效果.mp4

步骤 01　进入会声会影编辑器，在覆叠轨中插入一幅图像素材，如图7-18所示。

步骤 02　在预览窗口中调整素材图像至全屏大小，并预览素材图像效果，如图7-19所示。

图7-18　插入视频素材　　　　　　　　　图7-19　预览素材图像效果

步骤 03　在"属性"选项面板中单击"遮罩和色度键"按钮，进入相应选项面板，选中"应用覆叠选项"复选框，设置"类型"为"遮罩帧"，然后在右侧选择望远镜遮罩样式，如图7-20所示。

执行上述操作后，在预览窗口中即可预览制作的望远镜视频画面效果，如图7-21所示。

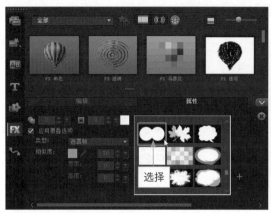

图7-20 选择相应遮罩样式　　　　　　　　　图7-21 预览视频画面效果

实例102 制作视频画面拼图效果

在会声会影X10中，"拼图"遮罩样式可以模拟视频画面的拼图效果。下面介绍制作视频画面拼图效果的操作方法。

扫描前言二维码获取文件资源	素材文件	素材\第7章\高楼大厦.jpg
	效果文件	效果\第7章\高楼大厦.VSP
	视频文件	视频\第7章\实例102 制作视频画面拼图效果.mp4

步骤 01 进入会声会影编辑器，在覆叠轨中插入一幅图像素材，在预览窗口中调整素材图像大小，并预览图像效果，如图7-22所示。

步骤 02 在"属性"选项面板中单击"遮罩和色度键"按钮，进入相应选项面板，选中"应用覆叠选项"复选框，设置"类型"为"遮罩帧"，然后在右侧选择拼图遮罩样式，在预览窗口中即可预览制作的视频画面拼图效果，如图7-23所示。

图7-22 预览图像效果　　　　　　　　　图7-23 预览视频画面效果

实例103　制作情侣爱心画面效果

在会声会影X10中，心形遮罩效果是指覆叠轨中的素材以心形的形状遮罩在视频轨中素材的上方。下面介绍应用爱心遮罩效果的操作方法。

扫描前言二维码获取文件资源	素材文件	素材\第7章\此生不渝.VSP
	效果文件	效果\第7章\此生不渝.VSP
	视频文件	视频\第7章\实例103　制作情侣爱心画面效果.mp4

步骤 01　进入会声会影编辑器，打开一个项目文件，在"属性"选项面板中单击"遮罩和色度键"按钮，进入相应选项面板，选中"应用覆叠选项"复选框，设置"类型"为"遮罩帧"，在右侧选择心心相印遮罩样式，如图7-24所示。

步骤 02　在预览窗口中即可预览制作的情侣爱心画面效果，如图7-25所示。

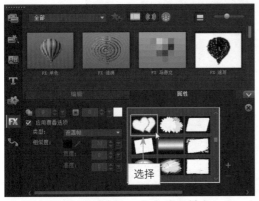

图7-24　选择心心相印遮罩样式

图7-25　预览制作的情侣爱心画面效果

实例104　制作视频圆形遮罩效果

在"遮罩创建器"对话框中，通过椭圆工具可以在视频画面上创建圆形的遮罩效果，最主要的是可以由用户创建在视频中的任何位置，这个位置用户可以自由指定，在操作上更加灵活便捷。下面介绍制作圆形遮罩特效的操作方法。

扫描前言二维码获取文件资源	素材文件	素材\第7章\萌宠宝贝1.jpg、萌宠宝贝2.jpg
	效果文件	效果\第7章\萌宠宝贝.VSP
	视频文件	视频\第7章\实例104　制作视频圆形遮罩效果.mp4

步骤 01　在视频轨和覆叠轨中分别插入一幅图像素材，选择覆叠素材，单击"工具"|"遮罩创建器"命令，弹出"遮罩创建器"对话框，在"遮罩工具"下方选取椭圆工具，如图7-26所示。

图7-26 选取椭圆工具

步骤 02 在左侧预览窗口中按住鼠标左键并拖曳,在视频上绘制一个圆,在右侧"遮罩类型"选项区中选中"静止"单选按钮,如图7-27所示。

图7-27 选中"静止"单选按钮

步骤 03 制作完成后单击"确定"按钮,返回会声会影编辑器,在预览窗口中可以预览制作的视频圆形遮罩效果,拖曳覆叠素材四周的黄色控制柄,调整覆叠素材的大小和位置,如图7-28所示。

步骤 04 制作完成后单击"播放"按钮,预览制作的圆形遮罩效果,如图7-29所示。

图7-28 调整覆叠大小和位置

图7-29 预览圆形遮罩效果

实例105　制作视频矩形遮罩效果

在"遮罩创建器"对话框中，通过矩形工具可以在视频画面中创建矩形遮罩效果。下面介绍制作矩形遮罩效果的操作方法。

扫描前言二维码 获取文件资源	素材文件	素材\第7章\蔚蓝梦想1.jpg、蔚蓝梦想2.jpg
	效果文件	效果\第7章\蔚蓝梦想.VSP
	视频文件	视频\第7章\实例105　制作视频矩形遮罩效果.mp4

步骤 01　在视频轨和覆叠轨中分别插入一幅图像素材，选择覆叠素材，如图7-30所示。

步骤 02　在时间轴面板上方单击"遮罩创建器"按钮，如图7-31所示。

图7-30　选择覆叠素材

图7-31　单击"遮罩创建器"按钮

步骤 03　弹出"遮罩创建器"对话框，在右侧"遮罩类型"选项区中选中"静止"单选按钮，在"遮罩工具"选项区中选取矩形工具，如图7-32所示。

步骤 04　在左侧预览窗口中按住鼠标左键并拖曳，在视频上绘制一个矩形，制作完成后单击"确定"按钮，返回会声会影编辑器，在预览窗口中可以预览创建的遮罩效果，移动覆叠素材画面至合适位置，如图7-33所示。

步骤 05　在导览面板中单击"播放"按钮，预览制作的矩形遮罩效果，如图7-34所示。

图7-32　选取矩形工具

图7-33　移动覆叠素材的位置　　　　　　图7-34　预览制作的矩形遮罩效果

实例106　制作视频特定遮罩效果

在"遮罩创建器"对话框中，通过遮罩刷工具可以制作出特定画面或对象的遮罩效果，相当于Photoshop中的抠图功能。下面介绍制作特定遮罩效果的操作方法。

扫描前言二维码获取文件资源	素材文件	素材\第7章\动物园区1.jpg、动物园区2.jpg
	效果文件	效果\第7章\动物园区.VSP
	视频文件	视频\第7章\实例106　制作视频特定遮罩效果.mp4

步骤 01　在视频轨和覆叠轨中分别插入一幅图像素材，如图7-35所示。

步骤 02　在覆叠轨中的素材上单击鼠标右键，在弹出的快捷菜单中选择"遮罩创建器"命令，如图7-36所示。

图7-35　插入图像素材　　　　　　图7-36　选择"遮罩创建器"命令

步骤 03　弹出"遮罩创建器"对话框，在右侧"遮罩类型"选项区中选中"静止"单选按钮，在"遮罩工具"选项区中选取遮罩刷工具。将鼠标指针移至左侧预览窗口中，在需要抠取的视频画面上按住鼠标左键拖曳，创建遮罩区域，遮罩创建完成后释放鼠标左键，被抠取的视频画面将被选中，如图7-37所示。

图7-37　被抠取的视频画面将被选中

步骤 04　制作完成后单击"确定"按钮，返回会声会影编辑器，在预览窗口中可以调整抠取的视频画面大小和位置，在导览面板中单击"播放"按钮，即可预览制作的特定遮罩效果，如图7-38所示。

图7-38　预览制作的特定遮罩效果

第8章

合成技术：制作视频画中画特效

学习提示

在会声会影X10中，用户可以制作视频画中画特效，画中画是一种呈现视频内容的方式，是指在一部视频全屏播放的时候，在画面上的小面积区域，同时播出相同或不相同的视频，该方法被广泛应用于电视和电影等媒体行业。本章主要向读者介绍多种不同视频画中画特效的制作方法，希望读者熟练掌握本章内容。

🗑 CLEAR   ⬆ SUBMIT

本章重点导航

🗑 CLEAR   ⬆ SUBMIT

实例107 制作照片水流旋转效果

在会声会影X10中，用户可以运用覆叠遮罩与"画中画"滤镜制作照片水流旋转效果。下面介绍制作照片水流旋转效果的操作方法。

扫描前言二维码 获取文件资源	素材文件	素材\第8章\白衣女侠.VSP
	效果文件	效果\第8章\白衣女侠.VSP
	视频文件	视频\第8章\实例107 制作照片水流旋转效果.mp4

步骤 01 进入会声会影编辑器，打开一个项目文件，并预览项目效果，如图8-1所示。

步骤 02 选择第一个覆叠素材，在"属性"选项面板中单击"遮罩和色度键"按钮，进入相应选项面板，选中"应用覆叠选项"复选框，设置"类型"为"遮罩帧"，在右侧选择"漩涡"预设样式，如图8-2所示。

图8-1 预览项目效果

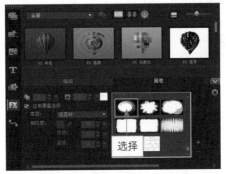

图8-2 选择"漩涡"预设样式

步骤 03 切换至"滤镜"选项卡，单击窗口上方的"画廊"按钮，在弹出的列表框中选择"NewBlue视频精选 II"选项，打开"NewBlue视频精选 II"素材库，选择"画中画"滤镜，按住鼠标左键将其拖曳至覆叠轨1中的覆叠素材上，添加"画中画"滤镜效果，在"属性"选项面板中单击"自定义滤镜"按钮，如图8-3所示。

步骤 04 弹出"NewBlue画中画"对话框，拖曳滑块到开始位置，设置图片位置X为0.0、Y为-100.0；拖曳滑块到中间位置，选择"霓虹灯框"选项；拖曳滑块到结束位置，选择"侧面图"选项，设置图像位置X为100.0、Y为0，设置完成后单击"确定"按钮，在预览窗口中预览覆叠效果，如图8-4所示。

图8-3 单击"自定义滤镜"按钮

图8-4 预览覆叠效果

步骤 05 选择第一个覆叠素材，单击鼠标右键，在弹出的快捷菜单中选择"复制属性"命令，选择其他素材，单击鼠标右键，在弹出的快捷菜单中选择"粘贴所有属性"命令，单击导览面板中的"播放"按钮，预览制作的视频画面效果，如图8-5所示。

图8-5 预览制作的视频画面效果

实例108 制作相框画面移动效果

在会声会影X10中，使用"画中画"滤镜可以制作出照片展示相框型画中画特效。下面介绍制作相框画面移动效果的操作方法。

扫描前言二维码获取文件资源	素材文件	素材\第8章\人间仙境.VSP
	效果文件	效果\第8章\人间仙境.VSP
	视频文件	视频\第8章\实例108 制作相框画面移动效果.mp4

步骤 01 进入会声会影编辑器，打开一个项目文件，并预览项目效果，如图8-6所示。

步骤 02 选择第一个覆叠素材，在"属性"选项面板中单击"遮罩和色度键"按钮，进入相应选项面板，选中"应用覆叠选项"复选框，设置"类型"为"遮罩帧"，在右侧选择最后1行第1个预设样式，如图8-7所示。

 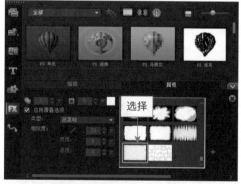

图8-6 预览项目效果　　　　图8-7 选择相应预设样式

步骤 03 切换至"滤镜"选项卡，单击窗口上方的"画廊"按钮，在弹出的列表框中选择"NewBlue视频精选Ⅱ"，打开"NewBlue视频精选Ⅱ"素材库，选择"画中画"滤镜，按住鼠标左键将其拖曳至覆叠轨1中覆叠素材上，添加"画中画"滤镜效果，在"属性"选项面板中单击"自定义滤镜"按钮，如图8-8所示。

步骤 04 弹出"NewBlue画中画"对话框，拖曳滑块到开始位置，设置图像位置X为0.0、Y为 -100.0；拖曳滑块到中间位置，选择"投放阴影"选项；拖曳滑块到结束位置，设置 图像位置X为-100.0、Y为0，设置完成后单击"确定"按钮，在预览窗口中预览覆叠效 果，如图8-9所示。

图8-8　单击"自定义滤镜"按钮　　　　　　　　图8-9　预览覆叠效果

步骤 05 选择第一个覆叠素材，单击鼠标右键，在弹出的快捷菜单中选择"复制属性"命令， 选择其他素材，单击鼠标右键，在弹出的快捷菜单中选择"粘贴所有属性"命令，单 击导览面板中的"播放"按钮，预览制作的视频画面效果，如图8-10所示。

 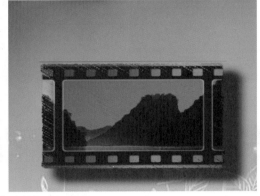

图8-10　预览制作的视频画面效果

实例109　制作画面闪烁效果

　　在会声会影X10中，通过在覆叠轨中制作出断断续续的素材画面，可以形成闪频特效。下面介 绍制作画面闪烁效果的操作方法。

扫描前言二维码 获取文件资源	素材文件	素材\第8章\时髦女孩.VSP
	效果文件	效果\第8章\时髦女孩.VSP
	视频文件	视频\第8章\实例109　制作画面闪烁效果.mp4

步骤 01 进入会声会影编辑器，打开一个项目文件，并预览项目效果，如图8-11所示。

🔍步骤 02　选择覆叠素材，单击鼠标右键，在弹出的快捷菜单中选择"复制"命令，在右侧合适位置粘贴视频素材，并调整素材区间，如图8-12所示。

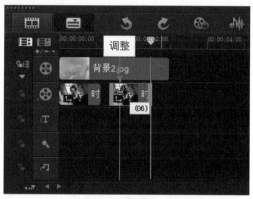

图8-11　预览项目效果　　　　　　　　　　图8-12　调整素材区间

🔍步骤 03　用与上同样方法在覆叠轨右侧继续复制第三个视频素材并调整区间，单击导览面板中的"播放"按钮，即可预览制作的画面闪烁效果，如图8-13所示。

图8-13　预览制作的画面闪烁效果

实例110　制作二分画面显示效果

在影视作品中，常有一个黑色条块分开屏幕的画面，称为二分画面。下面介绍制作视频中二分画面效果的操作方法。

扫描前言二维码 获取文件资源	素材文件	素材\第8章\彩色泥人.mpg
	效果文件	效果\第8章\彩色泥人.VSP
	视频文件	视频\第8章\实例110　制作二分画面显示效果.mp4

🔍步骤 01　进入会声会影编辑器，在视频轨中插入一段视频素材，如图8-14所示。

🔍步骤 02　单击"设置"|"轨道管理器"命令，弹出"轨道管理器"对话框，单击覆叠轨右侧的下三角按钮，在弹出的列表框中选择3，单击"确定"按钮。返回会声会影编辑器，切换至"图形"选项卡，进入"色彩"素材库，选择"黑色"色块，按住鼠标左键将其拖曳至覆叠轨1中，释放鼠标左键，添加黑色色块，在时间轴中调整色块区间到合适位置，如图8-15所示。

图8-14　插入一段视频素材

图8-15　调整色块区间

步骤 03 在预览窗口中拖动黑色色块四周的黄色控制柄，调整色块的大小和位置，在覆叠轨2和覆叠轨3中分别加入白色色块，在预览窗口中调整素材大小和位置，如图8-16所示。

步骤 04 执行上述操作后，单击"录制/捕获选项"按钮，弹出"录制/捕获选项"对话框，单击"快照"按钮，即可在素材库查看捕获的素材，删除覆叠轨中的所有素材，拖曳捕获的素材到覆叠轨中，在时间轴中调整素材区间，在预览窗口中调整素材大小，切换至"属性"选项面板，单击"遮罩和色度键"按钮，选中"应用覆叠选项"复选框，选择"类型"为色度键，设置"覆叠遮罩的色彩"为白色，"针对遮罩的色彩相似度"为100，如图8-17所示。

图8-16　调整素材大小和位置

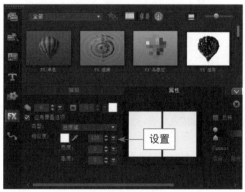

图8-17　设置相关参数

步骤 05 单击导览面板中的"播放"按钮，预览制作的画面二分的效果，如图8-18所示。

图8-18　预览制作的画面效果

实例111 制作四分画面显示效果

在会声会影X10中,使用覆叠轨可以制作出四分画面显示的效果。下面介绍制作四分画面效果的方法。

扫描前言二维码 获取文件资源	素材文件	素材\第8章\美景留影.mpg
	效果文件	效果\第8章\美景留影.VSP
	视频文件	视频\第8章\实例111 制作四分画面显示效果.mp4

步骤 01 进入会声会影编辑器,在视频轨中插入一段视频素材,如图8-19所示。

步骤 02 单击"设置"|"轨道管理器"命令,弹出"轨道管理器"对话框,单击覆叠轨右侧的下三角按钮,在弹出的列表框中选择3,单击"确定"按钮。返回会声会影编辑器,切换至"图形"选项卡,进入"色彩"素材库,选择"黑色"色块,按住鼠标左键将其拖曳至覆叠轨1中,释放鼠标左键,添加黑色色块,在时间轴中调整色块区间长度,如图8-20所示。

图8-19 插入一段视频素材

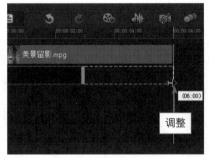

图8-20 调整色块区间

步骤 03 在预览窗口中拖动黑色色块四周的黄色控制柄,调整色块的大小和位置,在覆叠轨2和覆叠轨3中分别加入白色色块,在预览窗口中调整素材大小和位置,如图8-21所示。

步骤 04 执行上述操作后,单击"录制/捕获选项"按钮,弹出"录制/捕获选项"对话框,单击"快照"按钮,即可在素材库查看捕获的素材,删除覆叠轨中的所有素材,拖曳捕获的素材到覆叠轨中,在时间轴中调整素材区间,在预览窗口中调整素材大小,切换至"属性"选项面板,选中"应用覆叠选项"复选框,选择"类型"为色度键,设置"针对遮罩的色彩相似度"为100,如图8-22所示。

图8-21 调整素材大小和位置

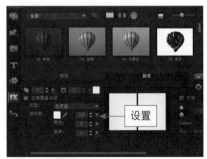

图8-22 设置相关参数

步骤 05 在覆叠轨2中用与上同样的方法制作一条横向的覆叠素材，单击导览面板中的"播放"按钮，预览制作的画面四分的效果，如图8-23所示。

图8-23　预览制作的画面效果

实例112　制作水面倒影效果

在一些影视作品中，常看到视频画面有倒影的效果。在会声会影中，应用"画中画"滤镜可以制作出水面倒影的效果。下面介绍制作水面倒影效果的操作方法。

扫描前言二维码 获取文件资源	素材文件	素材\第8章\花开并蒂.jpg
	效果文件	效果\第8章\花开并蒂.VSP
	视频文件	视频\第8章\实例112　制作水面倒影效果.mp4

步骤 01 进入会声会影编辑器，在故事板中插入一幅图像素材，如图8-24所示。

步骤 02 切换至"滤镜"选项卡，选择并添加"画中画"滤镜，在"属性"选项面板中单击"自定义滤镜"按钮，如图8-25所示。

图8-24　插入图像素材　　　　　　　图8-25　单击"自定义滤镜"按钮

步骤 03 弹出"NewBlue画中画"对话框，在下方预设样式中选择"缓慢反射"预设样式，如图8-26所示。

步骤 04 设置完成后单击"确定"按钮，回到会声会影操作界面，在预览窗口中可以预览制作的水面倒影视频画面，如图8-27所示。

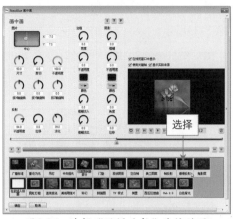

图8-26 选择"缓慢反射"滤镜效果

图8-27 预览水面倒影视频画面

实例113 让图像沿着特定轨迹运动

在会声会影X10中,可以让覆叠素材沿着某个轨迹自动运动,例如篮球的抛物线运动、子弹运动以及圆圈移动效果等。下面介绍让图像沿着特定轨迹运动的操作方法。

扫描前言二维码获取文件资源	素材文件	素材\第8章\气球情侣.VSP
	效果文件	效果\第8章\气球情侣.VSP
	视频文件	视频\第8章\实例113 让图像沿着特定轨迹运动.mp4

步骤 01 进入会声会影编辑器,打开一个项目文件,选择覆叠素材,在预览窗口中拖动覆叠素材周围的控制柄,来调整覆叠素材的大小和位置,如图8-28所示。

步骤 02 切换至"路径"选项卡,在"路径"素材库中选择相应路径动作,如图8-29所示。按住鼠标左键将其拖曳至覆叠轨中的覆叠素材上,释放鼠标左键,即可完成移动路径动作的添加。

图8-28 调整覆叠素材的大小和位置

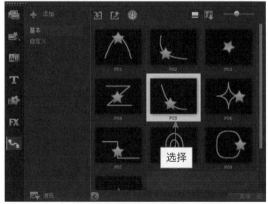

图8-29 选择相应路径动作

步骤 03 单击导览面板中的"播放"按钮,即可预览制作的特定路径运动效果,如图8-30所示。

图8-30　预览制作的特定路径运动效果

实例114　制作立体展示图像特效

在会声会影X10中，用户可以通过应用"画中画"视频滤镜，制作出立体展示图像特效。下面介绍制作立体展示图像特效的操作方法。

扫描前言二维码 获取文件资源	素材文件	素材\第8章\儒雅绅士.VSP
	效果文件	效果\第8章\儒雅绅士.VSP
	视频文件	视频\第8章\实例114　制作立体展示图像特效.mp4

步骤 01 进入会声会影编辑器，打开一个项目文件，如图8-31所示。

步骤 02 选择覆叠轨1中的第1个素材文件，在"属性"选项面板中单击"自定义滤镜"按钮，弹出"NewBlue画中画"对话框，选中"使用关键帧"复选框。切换至开始处的关键帧，设置图像的位置X为-10、Y为0，"尺寸"为60；拖动滑块到中间的位置，设置图像的位置X为-60、Y为0，"尺寸"为35；拖动滑块到结束的位置，设置图像的位置X为-65.0、Y为0，"尺寸"为35。设置完成后单击"确定"按钮，如图8-32所示。

图8-31　打开一个项目文件

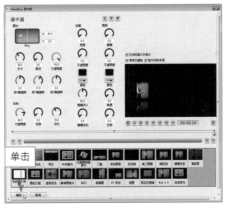

图8-32　设置相关参数

步骤 03 选择覆叠轨1中的第1个素材，单击鼠标右键，在弹出的快捷菜单中选择"复制属性"命令，选择覆叠轨1右侧的所有素材，单击鼠标右键，在弹出的快捷菜单中选择"粘贴所有属性"命令，如图8-33所示，即可复制属性到右侧的所有覆叠素材中。

步骤 04 选择覆叠轨2中的第1个素材文件，在"属性"选项面板中单击"自定义滤镜"按钮，弹出"NewBlue画中画"对话框，选中"使用关键帧"复选框。切换至开始处的关键帧，设置图像的位置X为100、Y为0，"尺寸"为40；拖动滑块到中间的位置，设置图像的位置X为0、Y为0，"尺寸"为60；拖动滑块到结束的位置，设置图像的位置X为-10、Y为0，"尺寸"为60。设置完成后单击"确定"按钮，如图8-34所示。

图8-33　选择"粘贴所有属性"命令

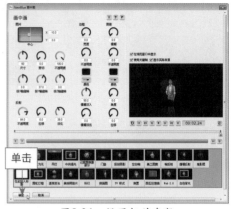

图8-34　设置相关参数

步骤 05 选择覆叠轨2中第1个素材，单击鼠标右键，在弹出的快捷菜单中选择"复制属性"命令，选择覆叠轨右侧的所有素材，单击鼠标右键，在弹出的快捷菜单中选择"粘贴所有属性"命令，如图8-35所示，即可复制属性到右侧的所有覆叠素材中。

步骤 06 选择覆叠轨3中的第1个素材文件，在"属性"选项面板中单击"自定义滤镜"按钮，弹出"NewBlue画中画"对话框，选中"使用关键帧"复选框。切换至开始处的关键帧，设置图像的位置X为100、Y为0，"尺寸"为0；拖动滑块到中间的位置，设置图像的位置X为60、Y为0，"尺寸"为35；拖动滑块到结束的位置，设置图像的位置X为55、Y为0，"尺寸"为35。设置完成后单击"确定"按钮，如图8-36所示。

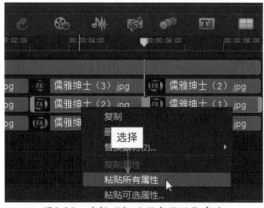

图8-35　选择"粘贴所有属性"命令

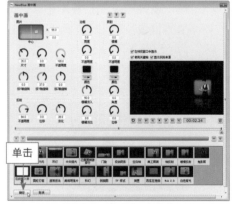

图8-36　设置相关参数

步骤 07 用与上同样的方法，复制属性至覆叠轨3右侧的覆叠素材中，复制完成后即可完成移动变幻图像特效的制作，单击导览面板中的"播放"按钮，预览制作的视频画面效果，如图8-37所示。

图8-37　预览制作的视频画面效果

实例115　制作多画面转动动画

在会声会影X10中，可以在相同背景下制作出多画面同时转动的效果，丰富视频画面的动态效果。下面介绍制作多画面转动动画效果的操作方法。

扫描前言二维码 获取文件资源	素材文件	素材\第8章\雍容华贵.VSP
	效果文件	效果\第8章\雍容华贵.VSP
	视频文件	视频\第8章\实例115　制作多画面转动动画.mp4

步骤 01　进入会声会影编辑器，打开一个项目文件，如图8-38所示。

步骤 02　选择覆叠轨1中的素材，添加"画中画"滤镜，如图8-39所示。

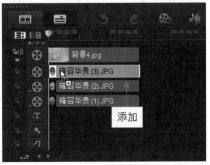

图8-38　打开一个项目文件　　　　图8-39　添加"画中画"滤镜

步骤 03　在"属性"选项面板中单击"自定义滤镜"按钮，弹出"NewBlue画中画"对话框。拖动滑块到开始关键帧位置，在阴影位置的全部数值框中输入0；拖动滑块到结尾关键帧位置，设置图像的位置X为0、Y为0，"尺寸"为100，"按Y轴旋转"为180，在阴影位置的全部数值框中输入0。设置完成后单击"确定"按钮，如图8-40所示。

步骤 04 设置完成后，复制覆叠轨1中的素材文件属性，选择覆叠轨2和覆叠轨3中的素材文件，单击鼠标右键，在弹出的快捷菜单中选择"粘贴可选属性"命令，弹出"粘贴可选属性"对话框，在其中取消选中"大小和变形"与"方向/样式/动作"复选框，单击"确定"按钮，如图8-41所示。

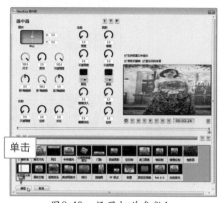
图8-40 设置相关参数1

图8-41 设置相关参数2

步骤 05 单击导览面板中的"播放"按钮，即可在预览窗口预览制作的视频画面效果，如图8-42所示。

图8-42 预览制作的视频画面效果

实例116 制作电影胶片效果

在会声会影X10中，"电影胶片"遮罩样式可以为覆叠素材制作出类似电影胶片的效果。下面介绍使用"电影胶片"遮罩样式制作出电影胶片效果的操作方法。

扫描前言二维码 获取文件资源	素材文件	素材\第8章\微笑青春.VSP
	效果文件	效果\第8章\微笑青春.VSP
	视频文件	视频\第8章\实例116 制作电影胶片效果.mp4

步骤 01 进入会声会影编辑器，打开一个项目文件。选择覆叠素材，在"属性"选项面板中单击"遮罩和色度键"按钮，进入相应选项面板，选中"应用覆叠选项"复选框，设置"类型"为"遮罩帧"，在其中选择"电影胶片"预设样式，如图8-43所示。

步骤 02   执行上述操作后，在预览窗口中即可预览制作的电影胶片画面效果，如图8-44所示。

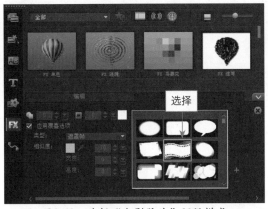

图8-43   选择"电影胶片"预设样式   图8-44   预览制作的电影胶片画面效果

实例117   制作宠物跳跃效果

在会声会影X10中，运用"自定义动作"功能可以制作宠物跳跃效果。下面介绍制作宠物跳跃效果的操作方法。

扫描前言二维码获取文件资源	素材文件	素材\第8章\奔跑小狗.VSP
	效果文件	效果\第8章\奔跑小狗.VSP
	视频文件	视频\第8章\实例117 制作宠物跳跃效果.mp4

步骤 01   进入会声会影编辑器，打开一个项目文件。选择覆叠轨2中的第1个覆叠素材，单击"编辑"|"自定义动作"命令，如图8-45所示。

步骤 02   弹出"自定义动作"对话框，在00:00:01:00至00:00:01:24之间每4帧添加1个关键帧，共添加7个关键帧，在预览窗口中调整各关键帧的覆叠图像的相应位置，如图8-46所示，即可制作出图像跳跃的效果。

图8-45   单击"自定义动作"命令   图8-46   调整覆叠图像位置

步骤 03   设置完成后单击"确定"按钮，复制属性到右侧的覆叠素材中，单击导览面板中的"播放"按钮，预览制作的视频画面效果，如图8-47所示。

图8-47 制作的视频画面效果

实例118 制作镜头推拉效果

在会声会影X10中，运用"自定义动作"功能可以制作出镜头推拉的效果。下面介绍制作镜头推拉效果的操作方法。

扫描前言二维码获取文件资源	素材文件	素材\第8章\一吻定情.VSP
	效果文件	效果\第8章\一吻定情.VSP
	视频文件	视频\第8章\实例118 制作镜头推拉效果.mp4

🔍**步骤 01** 进入会声会影编辑器，打开一个项目文件。选择覆叠轨中的覆叠素材，单击"编辑"|"自定义动作"命令，如图8-48所示。

🔍**步骤 02** 弹出"自定义动作"对话框，在00:00:01:12和00:00:01:24的位置添加两个关键帧。选择开始处的关键帧，在"大小"选项区中设置X为20、Y为20；选择00:00:01:12位置的关键帧，在"大小"选项区中设置X为60、Y为60；选择00:00:01:24位置的关键帧，在"大小"选项区中设置X为60、Y为60；选择结尾处的关键帧，在"大小"选项区中设置X为20、Y为20。设置完成后单击"确定"按钮，如图8-49所示。

图8-48 单击"自定义动作"命令 　　　　图8-49 设置相关参数

🔍**步骤 03** 执行上述操作后，单击导览面板中的"播放"按钮，即可预览制作的镜头推拉效果，如图8-50所示。

图8-50　制作的镜头推拉效果

实例119　制作涂鸦艺术特效

在会声会影X10中，利用视频遮罩可以制作出涂鸦艺术特效。下面介绍应用视频遮罩制作涂鸦艺术视频画面的操作方法。

扫描前言二维码获取文件资源	素材文件	素材\第8章\情人节快乐(1).jpg、情人节快乐(2).jpg
	效果文件	效果\第8章\情人节快乐.VSP
	视频文件	视频\第8章\实例119　制作涂鸦艺术特效.mp4

步骤 01 进入会声会影编辑器，在视频轨和覆叠轨中分别添加相应素材，在预览窗口中可以预览画面效果，如图8-51所示。

步骤 02 在预览窗口中调整覆叠素材的大小，在选项面板中单击"遮罩和色度键"按钮，进入相应选项面板，选中"应用覆叠选项"复选框，设置"类型"为"视频遮罩"，选择相应的预设样式，如图8-52所示。

图8-51　预览画面效果

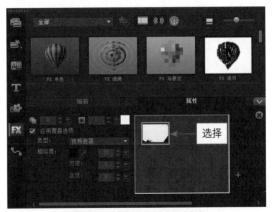

图8-52　选择相应预设样式

步骤 03 设置完成后，单击导览面板中"播放"按钮，即可预览制作的涂鸦艺术特效，如图8-53所示。

图8-53　预览制作的涂鸦艺术特效

实例120　制作3D立体展示效果

在会声会影X10中,应用"自定义动作"可以制作3D立体展示效果。下面介绍制作3D立体展示效果的操作方法。

扫描前言二维码获取文件资源	素材文件	素材\第8章\俏丽女孩.VSP
	效果文件	效果\第8章\俏丽女孩.VSP
	视频文件	视频\第8章\实例120　制作3D立体展示效果.mp4

步骤 01 进入会声会影编辑器,打开一个项目文件,如图8-54所示。

步骤 02 选择覆叠轨2中的第一个覆叠素材,单击鼠标右键,在弹出的快捷菜单中选择"自定义动作"命令,如图8-55所示。

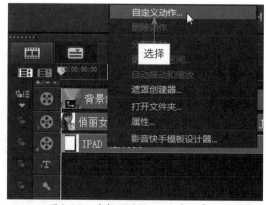

图8-54　打开一个项目文件　　　　　　图8-55　选择"自定义动作"命令

步骤 03 弹出"自定义动作"对话框,选择开始位置的关键帧,在"旋转"选项区中设置Y为90;选择结束位置的关键帧,在"旋转"选项区中设置Y为-90,如图8-56所示。

步骤 04 设置完成后,单击"确定"按钮,选择覆叠轨2右侧的覆叠素材,单击鼠标右键,在弹出的快捷菜单中选择"自定义动作"命令。选择开始位置的关键帧,在"大小"

选项区中设置X为50、Y为50，在"旋转"选项区中设置Y为90；选择结束位置的关键帧，在"大小"选项区中设置X为50、Y为50，在"旋转"选项区中设置Y为0，如图8-57所示。

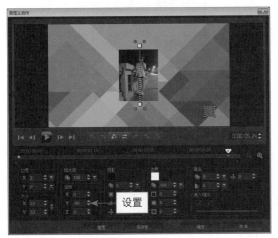

图8-56　设置相关参数1

图8-57　设置相关参数2

步骤 05 设置完成后，单击"确定"按钮，选择覆叠轨1左侧的覆叠素材，单击鼠标右键，在弹出的快捷菜单中选择"自定义动作"命令。选择开始位置的关键帧，在"大小"选项区中设置X为45、Y为45，在"旋转"选项区中设置Y为90；选择结束位置的关键帧，在"大小"选项区中设置X为45、Y为45，在"旋转"选项区中设置Y为0，如图8-58所示。

步骤 06 设置完成后，单击"确定"按钮，选择覆叠轨1右侧的覆叠素材，单击鼠标右键，在弹出的快捷菜单中选择"自定义动作"命令。选择开始位置的关键帧，在"大小"选项区中设置X为45、Y为45，在"旋转"选项区中设置Y为0；选择结束位置的关键帧，在"大小"选项区中设置X为45、Y为45，在"旋转"选项区中设置Y为-90，如图8-59所示。

图8-58　设置相关参数3

图8-59　设置相关参数4

步骤 07 设置完成后，单击"确定"按钮，返回会声会影编辑器，单击导览面板中的"播放"按钮，即可预览制作的3D立体展示效果，如图8-60所示。

图8-60　预览制作的3D立体展示效果

实例121　制作视频"遇见自己"特效

在会声会影X10中，"遇见自己"特效是指在视频画面中同时出现两个相同的人的画面。下面介绍制作视频"遇见自己"特效的操作方法。

扫描前言二维码获取文件资源	素材文件	素材\第8章\幸福新娘(1).jpg、幸福新娘(2).jpg
	效果文件	效果\第8章\幸福新娘.VSP
	视频文件	视频\第8章\实例121　制作视频"遇见自己"特效.mp4

🔍 **步骤 01**　进入会声会影编辑器，在视频轨和覆叠轨中分别插入相应素材，如图8-61所示。

🔍 **步骤 02**　在预览窗口中调整覆叠素材的大小和位置，如图8-62所示。

图8-61　插入相应素材

图8-62　调整覆叠素材

🔍 **步骤 03**　选择覆叠素材，在"属性"选项面板中单击"遮罩和色度键"按钮，进入相应选项面板，选中"应用覆叠选项"复选框，设置"类型"为"色度键"，"覆叠遮罩的色彩"为白色，"针对遮罩的色彩相似度"为10，如图8-63所示。

🔍 **步骤 04**　设置完成后，即可在预览窗口中预览制作的项目效果，如图8-64所示。

图8-63 设置相关参数

图8-64 预览制作的项目效果

实例122 制作照片展示滚屏画中画特效

在会声会影X10中，滚屏画面是指覆叠素材从屏幕的一端滚动到屏幕另一端的效果。下面向读者介绍通过"自定义动作"制作照片展示滚屏画中画特效的操作方法。

扫描前言二维码 获取文件资源	素材文件	素材\第8章\美女1.jpg、美女2.jpg、美女相框.jpg
	效果文件	效果\第8章\美女封面.VSP
	视频文件	视频\第8章\实例122 制作照片展示滚屏画中画特效.mp4

步骤 01 进入会声会影编辑器，在视频轨中插入一幅图像素材，如图8-65所示。

步骤 02 在"照片"选项面板中设置素材的区间为0:00:08:24，如图8-66所示。

图8-65 插入图像素材

图8-66 设置素材的区间

步骤 03 执行操作后，即可更改素材的区间长度，在覆叠轨1中插入一幅图像素材，在"编辑"选项面板中设置素材的区间为0:00:07:00，更改素材区间长度。单击"编辑"|"自定义动作"命令，如图8-67所示。

步骤 04 弹出"自定义动作"对话框，选择第1个关键帧，在"位置"选项区中设置X为30、Y为-130，在"大小"选项区中设置X和Y均为30；选择第2个关键帧，在"位置"选项区中设置X为30、Y为130，在"大小"选项区中设置X和Y均为30，如图8-68所示。

图8-67 单击"自定义动作"命令

图8-68 设置第2个关键帧参数

步骤 05 单击"确定"按钮,返回会声会影编辑器,在时间轴面板中插入一条覆叠轨道,选择第1条覆叠轨道上的素材,单击鼠标右键,在弹出的快捷菜单中选择"复制"命令,如图8-69所示。

步骤 06 将复制的素材粘贴到第2条覆叠轨道中00:00:01:24的位置,在粘贴后的素材文件上单击鼠标右键,在弹出的快捷菜单中选择"替换素材"|"照片"命令,弹出"替换/重新链接素材"对话框,选择需要替换的素材后,单击"打开"按钮,即可替换覆叠轨2中的素材文件,如图8-70所示。

图8-69 选择"复制"命令

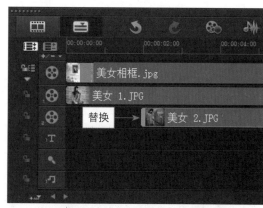

图8-70 替换覆叠轨2中的素材文件

步骤 07 在导览面板中单击"播放"按钮,预览制作的照片滚屏画中画视频效果,如图8-71所示。

图8-71 预览制作的照片滚屏画中画视频效果

第9章

信息传递：制作影视字幕特效

学习提示

在会声会影X10中，标题字幕在视频编辑中是不可缺少的，它是影片的重要组成部分。在影片中加入一些说明性的文字，能够有效地帮助观众理解影片的含义。本章主要介绍制作视频标题字幕特效的各种方法，希望读者学完以后，可以轻松制作出各种精美的标题字幕效果。

🗑 CLEAR   ⬆ SUBMIT

本章重点导航

🗑 CLEAR   ⬆ SUBMIT

实例123 制作单行标题字幕特效

在会声会影X10中，用户可以根据需要在预览窗口中创建单行标题字幕。下面介绍创建单行标题的操作方法。

扫描前言二维码 获取文件资源	素材文件	素材\第9章\微距摄影.jpg
	效果文件	效果\第9章\微距摄影.VSP
	视频文件	视频\第9章\实例123 制作单行标题字幕特效.mp4

步骤 01 进入会声会影编辑器，在视频轨中插入一幅图像素材，单击"标题"按钮，切换至"标题"选项卡，在预览窗口中可以看到"双击这里可以添加标题"字样，如图9-1所示。

步骤 02 在预览窗口中双击显示的字样，打开"编辑"选项面板，选中"单个标题"单选按钮，如图9-2所示，双击预览窗口中显示的字样，出现一个文本输入框，其中有光标在闪烁，输入文字"微距摄影"。

图9-1 预览窗口字样

图9-2 选中"单个标题"单选按钮

步骤 03 选择输入的标题字幕，在"编辑"选项面板中设置标题字幕的"字体"为"幼圆"、"字体大小"为60、"色彩"为白色、文本对齐方式为"居中"，如图9-3所示。

步骤 04 执行上述操作后，预览创建的单行标题字幕效果，如图9-4所示。

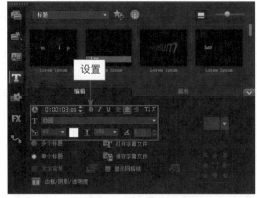

图9-3 设置相应属性

图9-4 预览单行标题字幕效果

实例124　制作多行标题字幕特效

在会声会影X10中，多个标题不仅可以应用动画和背景效果，还可以在同一帧中建立多个标题字幕效果。下面介绍创建多个标题的操作方法。

扫描前言二维码 获取文件资源	素材文件	素材\第9章\泛舟江上.jpg
	效果文件	效果\第9章\泛舟江上.VSP
	视频文件	视频\第9章\实例124　制作多行标题字幕特效.mp4

🔍**步骤 01**　进入会声会影编辑器，在视频轨中插入一幅图像素材，单击"标题"按钮，切换至"标题"选项卡，在"编辑"选项面板中选中"多个标题"单选按钮，如图9-5所示。

🔍**步骤 02**　在预览窗口中的适当位置输入文本为"泛舟江上"，在"编辑"选项面板中设置"字体"为"方正卡通简体"、"字体大小"为70、"色彩"为粉紫色，在预览窗口中预览创建的字幕效果，如图9-6所示。

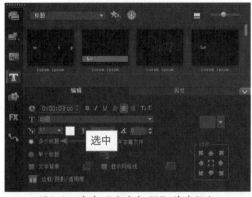

图9-5　选中"多个标题"单选按钮

图9-6　预览创建的字幕效果

🔍**步骤 03**　用与上同样的方法，在预览窗口中输入文本为"赏景观光"，并设置相应的文本属性，如图9-7所示。

🔍**步骤 04**　在预览窗口中可以预览制作的多行标题字幕效果，如图9-8所示。

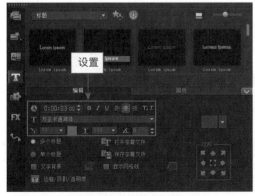

图9-7　设置相应属性

图9-8　预览多行标题字幕效果

实例125 应用现有模板制作字幕特效

会声会影X10的"标题"素材库中提供了丰富的预设标题,用户可以直接将其添加到标题轨上,再根据需要修改标题的内容,使预设的标题能够与影片融为一体。

扫描前言二维码获取文件资源	素材文件	素材\第9章\苍天古树.jpg
	效果文件	效果\第9章\苍天古树.VSP
	视频文件	视频\第9章\实例125 应用现有模板制作字幕特效.mp4

🔍**步骤 01** 进入会声会影编辑器,在视频轨中插入一幅图像素材,单击"标题"按钮,切换至"标题"选项卡,在右侧的列表框中显示了多种标题预设样式,选择第1个标题样式,如图9-9所示。在预设标题字幕的上方,按住鼠标左键将其拖曳至标题轨中的适当位置,释放鼠标左键,即可添加标题字幕。

🔍**步骤 02** 在预览窗口中更改文本的内容为"苍天古树",在"编辑"选项面板中设置"字体"为"华文楷体"、"字体大小"为70,"色彩"为红色,如图9-10所示。

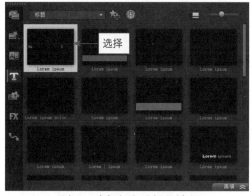

图9-9 选择相应的标题样式

图9-10 设置相应属性

🔍**步骤 03** 在预览窗口中调整字幕的位置,单击导览面板中的"播放"按钮,预览标题字幕动画效果,如图9-11所示。

图9-11 预览标题字幕动画效果

实例126　调整字幕文件区间长度

在会声会影X10中，为了使标题字幕与视频同步播放，用户可根据需要调整标题字幕的区间长度。下面介绍设置标题区间的操作方法。

扫描前言二维码 获取文件资源	素材文件	素材\第9章\横跨对岸.VSP
	效果文件	效果\第9章\横跨对岸.VSP
	视频文件	视频\第9章\实例126　调整字幕文件区间长度.mp4

步骤 01　进入会声会影编辑器，打开一个项目文件，如图9-12所示。

步骤 02　在标题轨中选择需要调整区间的标题字幕，在"编辑"选项面板中设置字幕的"区间"为0:00:06:00，如图9-13所示。

图9-12　打开项目文件

图9-13　设置字幕"区间"

步骤 03　执行上述操作后，即可更改标题字幕的区间，单击导览面板中的"播放"按钮，预览制作的字幕画面效果，如图9-14所示。

图9-14　预览制作的字幕画面效果

实例127　更改标题字幕的属性

会声会影X10中的字幕编辑功能与Word等文字处理软件相似，提供了较为完善的字幕编辑和设置功能，用户可以对文本或其他字幕对象进行编辑和美化操作。下面介绍更改标题字幕属性的操作方法。

扫描前言二维码获取文件资源	素材文件	素材\第9章\艺术建筑.VSP
	效果文件	效果\第9章\艺术建筑.VSP
	视频文件	视频\第9章\实例127　更改标题字幕的属性.mp4

🔍**步骤 01** 进入会声会影编辑器，打开一个项目文件，如图9-15所示。

🔍**步骤 02** 在标题轨中双击需要更改类型的标题字幕，如图9-16所示。

图9-15　打开项目文件　　　　　　　　　图9-16　双击标题字幕

🔍**步骤 03** 在"编辑"选项面板中单击"字体"右侧的下三角按钮，在弹出的列表框中选择"方正姚体"选项，然后单击"色彩"色块，在弹出的颜色面板中选择第2行第1个颜色，如图9-17所示。

🔍**步骤 04** 执行上述操作后，即可更改标题字体类型与色彩，在预览窗口中即可预览字体效果，如图9-18所示。

图9-17　选择颜色面板　　　　　　　　　图9-18　预览字体效果

实例128　制作描边字幕动画特效

在会声会影X10中，为了使标题字幕样式丰富多彩，用户可以为标题字幕设置描边效果。下面介绍制作描边字幕的操作方法。

扫描前言二维码 获取文件资源	素材文件	素材\第9章\巍峨壮丽.VSP
	效果文件	效果\第9章\巍峨壮丽.VSP
	视频文件	视频\第9章\实例128　制作描边字幕动画特效.mp4

步骤 01 进入会声会影编辑器，打开一个项目文件，在预览窗口中可以预览打开的项目效果，如图9-19所示。

步骤 02 在标题轨中双击需要制作描边特效的标题字幕，在"编辑"选项面板中单击"边框/阴影/透明度"按钮，如图9-20所示。

图9-19　预览项目效果　　　　　　　　　　　　图9-20　单击相应按钮

步骤 03 弹出"边框/阴影/透明度"对话框，设置"边框宽度"为2.0、"线条色彩"为黑色，如图9-21所示，单击"确定"按钮，即可制作描边字幕特效。

步骤 04 在预览窗口中可以预览描边字幕效果，如图9-22所示。

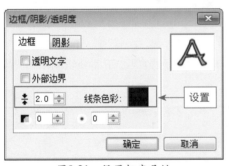

图9-21　设置相应属性

图9-22　预览描边字幕效果

实例129　制作下垂阴影字幕动画特效

在会声会影X10中，为了让标题字幕更加美观，用户可以为标题字幕添加下垂阴影效果。下面介绍制作下垂阴影字幕的操作方法。

扫描前言二维码获取文件资源	素材文件	素材\第9章\特色小屋.VSP
	效果文件	效果\第9章\特色小屋.VSP
	视频文件	视频\第9章\实例129 制作下垂阴影字幕动画特效.mp4

步骤 01 进入会声会影编辑器，打开一个项目文件，如图9-23所示。在标题轨中双击需要制作下垂特效的标题字幕，此时预览窗口中的标题字幕为选中状态。

步骤 02 在"编辑"选项面板中单击"边框/阴影/透明度"按钮，弹出"边框/阴影/透明度"对话框，切换至"阴影"选项卡，单击"下垂阴影"按钮，在其中设置X为8.0、Y为8.0、"下垂阴影色彩"为黑色、"下垂阴影透明度"为0、"下垂阴影柔化边缘"为10。执行上述操作后，单击"确定"按钮，即可制作下垂字幕，在预览窗口中可以预览下垂字幕效果，如图9-24所示。

图9-23 打开项目文件

图9-24 预览下垂字幕效果

实例130 制作扫光字幕动画效果

在会声会影X10中，用户可以使用滤镜为制作的字幕添加各种效果。下面介绍制作扫光字幕动画效果的操作方法。

扫描前言二维码获取文件资源	素材文件	素材\第9章\水面如镜.VSP
	效果文件	效果\第9章\水面如镜.VSP
	视频文件	视频\第9章\实例130 制作扫光字幕动画效果.mp4

步骤 01 进入会声会影编辑器，打开一个项目文件，如图9-25所示。

步骤 02 在"滤镜"素材库中单击窗口上方的"画廊"按钮，在弹出的列表框中选择"相机镜头"选项，打开"相机镜头"素材库，选择"缩放动作"滤镜，如图9-26所示。按住鼠标左键将其拖曳至标题轨中的字幕文件上方，添加"缩放动作"滤镜。

步骤 03 单击导览面板中的"播放"按钮，即可在预览窗口中预览制作的扫光字幕动画效果，如图9-27所示。

图9-25　打开项目文件

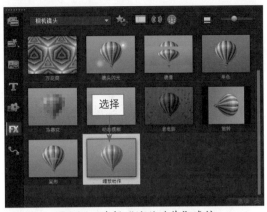
图9-26　选择"缩放动作"滤镜

图9-27　预览制作的扫光字幕动画效果

实例131　制作字幕运动模糊特效

在会声会影X10中，应用"幻影动作"滤镜可以制作运动模糊字幕特效，模拟字幕高速运动的特效。下面介绍制作字幕运动特效的操作方法。

扫描前言二维码 获取文件资源	素材文件	素材\第9章\家乡美景.VSP
	效果文件	效果\第9章\家乡美景.VSP
	视频文件	视频\第9章\实例131　制作字幕运动模糊特效.mp4

步骤 01　进入会声会影编辑器，打开一个项目文件，如图9-28所示。

步骤 02　在"滤镜"素材库中单击窗口上方的"画廊"按钮，在弹出的列表框中选择"特殊"选项，打开"特殊"素材库，选择"幻影动作"滤镜，如图9-29所示。按住鼠标左键将其拖曳至标题轨中的字幕文件上方，添加"幻影动作"滤镜。

图9-28 预览项目效果   图9-29 选择"幻影动作"滤镜

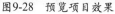 **步骤 03** 执行上述操作后,即可添加"幻影动作"滤镜效果。在"属性"选项面板中单击"自定义滤镜"按钮,弹出"幻影动作"对话框。在00:00:02:00的位置添加关键帧,设置"步骤边框"为5,"柔和"为20;在00:00:03:00的位置添加关键帧,设置"步骤边框"为2,"透明度"为25,"柔和"为10;选择结尾处的关键帧,设置"透明度"为0,设置完成后单击"确定"按钮,如图9-30所示。

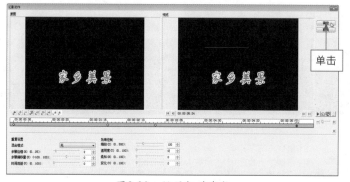

图9-30 设置相关参数

步骤 04 单击导览面板中的"播放"按钮,即可预览制作的运动模糊字幕特效,如图9-31所示。

图9-31 预览制作的运动模糊字幕特效

实例132 制作水纹波动文字效果

在会声会影X10中,可以为字幕文件添加"波纹"滤镜,制作水纹波动文字效果。下面介绍制作水纹波动文字效果的操作方法。

扫描前言二维码获取文件资源	素材文件	素材\第9章\波光粼粼.VSP
	效果文件	效果\第9章\波光粼粼.VSP
	视频文件	视频\第9章\实例132　制作水纹波动文字效果.mp4

步骤 01 进入会声会影编辑器，打开一个项目文件，如图9-32所示。

步骤 02 在"滤镜"素材库中单击窗口上方的"画廊"按钮，在弹出的列表框中选择"二维映射"选项，打开"二维映射"素材库，选择"波纹"滤镜，按住鼠标左键将其拖曳至标题轨中的字幕文件上方，添加"波纹"滤镜，如图9-33所示。

图9-32　打开项目文件

图9-33　选择"波纹"滤镜

步骤 03 单击导览面板中的"播放"按钮，即可在预览窗口中预览制作的水纹波动文字效果，如图9-34所示。

图9-34　预览制作的水纹波动文字效果

实例133　制作滚屏字幕与配音特效

在会声会影X10中，用户可以制作滚屏字幕与配音特效，制作出影视作品中画外音的效果。下面介绍制作滚屏字幕特效加配音的操作方法。

扫描前言二维码获取文件资源	素材文件	素材\第9章\拍摄光阴.VSP、配音.WAV
	效果文件	效果\第9章\拍摄光阴.VSP
	视频文件	视频\第9章\实例133　制作滚屏字幕与配音特效.mp4

步骤 01 进入会声会影编辑器，打开一个项目文件，双击标题轨中的字幕文件，在"属性"选项面板中选中"动画"单选按钮和"应用"复选框，单击"类型"右侧的下拉按钮，在弹出的列表框中选择"飞行"选项，如图9-35所示。

步骤 02 单击"自定义动画属性"按钮，弹出"飞行动画"对话框，设置"暂停"为"无暂停"、"进入"为从右侧进入⬅、"离开"为从左侧离开⬅，单击"确定"按钮，如图9-36所示，即可完成字幕文件的设置。在声音轨中添加配音文件，即可完成滚屏字幕与配音特效的制作。

　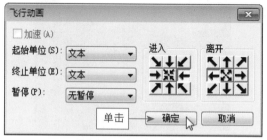

图9-35　设置相关参数1　　　　　　　　图9-36　设置相关参数2

步骤 03 单击导览面板中的"播放"按钮，即可在预览窗口中预览制作的滚屏字幕与配音特效，如图9-37所示。

图9-37　预览制作的滚屏字幕与配音特效

实例134　制作定格字幕动画特效

在会声会影X10中，用户可以利用"自定义动画属性"来制作定格字幕动画特效。下面介绍制作定格字幕动画特效的操作方法。

扫描前言二维码获取文件资源	素材文件	素材\第9章\骏马奔腾.VSP
	效果文件	效果\第9章\骏马奔腾.VSP
	视频文件	视频\第9章\实例134　制作定格字幕动画特效.mp4

步骤 01 进入会声会影编辑器，打开一个项目文件，双击标题轨中的字幕文件，在"属性"选

项面板中选中"动画"单选按钮和"应用"复选框，单击"类型"右侧的下拉按钮，在弹出的列表框中选择"飞行"选项，如图9-38所示。

步骤 02 单击"自定义动画属性"按钮，弹出"飞行动画"对话框，设置"暂停"为"自定义"，"进入"为从左下方进入↗，单击"确定"按钮。在导览面板中更改暂停区间，如图9-39所示。

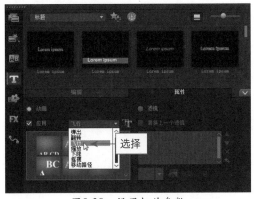

图9-38　设置相关参数　　　　　图9-39　更改暂停区间

步骤 03 单击导览面板中的"播放"按钮，即可在预览窗口中预览制作的定格字幕动画特效，如图9-40所示。

图9-40　预览制作的定格字幕动画特效

实例135　导入歌词文件

在会声会影X10中，用户可以直接导入歌词字幕文件，为视频画面添加字幕效果。下面介绍导入歌词文件的操作方法。

扫描前言二维码获取文件资源	素材文件	素材\第9章\泰坦尼克号.VSP、泰坦尼克号.lrc
	效果文件	效果\第9章\泰坦尼克号.VSP
	视频文件	视频\第9章\实例135　导入歌词文件.mp4

步骤 01 进入会声会影编辑器，打开一个项目文件，如图9-41所示。

步骤 02 进入标题素材库，在"编辑"选项面板中单击"打开字幕文件"按钮，弹出"打开"对话框，选择泰坦尼克歌词文件，单击"打开"按钮，如图9-42所示。

图9-41 打开项目文件

图9-42 导入歌词文件

步骤 03 执行上述操作后，即可完成添加歌词文件，在预览窗口中即可预览导入的歌词文件，如图9-43所示。

图9-43 预览导入歌词文件字幕

实例136 批量制作超长字幕

在会声会影X10中，用户可以利用TXT批量制作超长的字幕文件。下面介绍批量制作超长字幕文件的操作方法。

扫描前言二维码 获取文件资源	素材文件	素材\第9章\最美梯田.VSP、文本.txt
	效果文件	效果\第9章\最美梯田.VSP
	视频文件	视频\第9章\实例136 批量制作超长字幕.mp4

步骤 01 进入会声会影编辑器，打开一个项目文件，如图9-44所示。

步骤 02 进入标题素材库，在"编辑"选项面板中单击"保存字幕文件"按钮，弹出"另存为"对话框，输入文件名"最美梯田"，设置"保存类型"为.utf，单击"保存"按钮，如图9-45所示。

步骤 03 在相应文件夹中选择字幕文件，单击鼠标右键，在弹出的快捷菜单中选择"属性"命令，弹出相应属性对话框，单击"打开方式"右侧的"更改"按钮，弹出"打开方式"对话框，在其中选择"记事本"选项，单击"确定"按钮，如图9-46所示。

图9-44　打开项目文件

图9-45　保存字幕文件

步骤 04 在相应属性对话框中单击"确定"按钮，在文件夹中打开字幕文件，复制需要导入的文字到记事本中，如图9-47所示。

图9-46　设置打开方式

图9-47　复制需要导入的文字到记事本中

步骤 05 执行上述操作后，关闭记事本文件，单击"保存"按钮。切换至标题素材库，在"编辑"选项面板中单击"打开字幕文件"按钮，打开"最美梯田"字幕文件，即可在标题轨中添加字幕文件，单击导览面板中的"播放"按钮，预览批量制作的超长字幕文件，如图9-48所示。

图9-48　预览批量制作的超长字幕文件

实例137　制作字幕的运动扭曲效果

在会声会影X10中，用户可以为字幕文件添加"往内挤压"滤镜，从而使字幕文件获得变形动画效果。下面介绍制作字幕的运动扭曲效果的操作方法。

扫描前言二维码 获取文件资源	素材文件	素材\第9章\桥廊夜景.VSP
	效果文件	效果\第9章\桥廊夜景.VSP
	视频文件	视频\第9章\实例137　制作字幕的运动扭曲效果.mp4

🔍 **步骤 01**　进入会声会影编辑器，打开一个项目文件，如图9-49所示。

🔍 **步骤 02**　切换至"滤镜"选项卡，单击窗口上方的"画廊"按钮，在弹出的列表框中选择"三维纹理映射"选项，在其中选择"往内挤压"视频滤镜，如图9-50所示。按住鼠标左键将其拖曳至标题轨中的字幕文件上方，释放鼠标左键即可添加视频滤镜效果。

图9-49　打开项目文件

图9-50　选择"往内挤压"视频滤镜

🔍 **步骤 03**　在导览面板中单击"播放"按钮，预览制作的文字变形动画效果，如图9-51所示。

图9-51　预览制作字幕的运动扭曲效果

实例138　制作职员表等内容

在影视画面中，当一部影片播放完毕后，通过在结尾的时候会播放这部影片的演员、制片人、导演等信息。下面向读者介绍制作职员表字幕滚屏运动特效的方法。

扫描前言二维码 获取文件资源	素材文件	素材\第9章\职员表.jpg
	效果文件	效果\第9章\职员表.VSP
	视频文件	视频\第9章\实例138　制作职员表等内容.mp4

🔍 **步骤 01**　进入会声会影编辑器，在视频轨中插入一幅图像素材，打开"字幕"素材库，在其中选择需要的字幕预设模板，如图9-52所示。

🔍 **步骤 02**　将选择的模板拖曳至标题轨中的开始位置并调整字幕的区间长度，如图9-53所示。

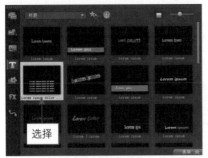

图9-52　选择需要的字幕预设模板　　　　　　图9-53　调整区间长度

步骤 03 在预览窗口中更改字幕模板的内容为职员表等信息，在导览面板中单击"播放"按钮，即可在预览窗口中预览职员表字幕滚屏效果，如图9-54所示。

图9-54　预览职员表字幕滚屏效果

实例139　制作字幕弹跳方式运动特效

在会声会影X10中，弹出效果是指可以使文字产生由画面上的某个分界线弹出显示的动画效果。下面介绍制作弹跳动画的操作方法。

扫描前言二维码获取文件资源	素材文件	素材\第9章\落日霞辉.VSP
	效果文件	效果\第9章\落日霞辉.VSP
	视频文件	视频\第9章\实例139　制作字幕弹跳方式运动特效.mp4

步骤 01 进入会声会影编辑器，打开一个项目文件，如图9-55所示。

步骤 02 双击标题轨中需要编辑的字幕，在"属性"选项面板中选中"动画"单选按钮和"应用"复选框，设置"选取动画类型"为"弹出"，选择相应的弹出样式，如图9-56所示。

图9-55　打开项目文件　　　　　　图9-56　选择弹出样式

步骤 03 在导览面板中单击"播放"按钮,预览字幕弹跳运动特效,如图9-57所示。

图9-57 预览字幕弹跳运动特效

实例140 制作恐怖片字幕效果

在会声会影X10中,应用"老电影"滤镜效果可以制作恐怖片字幕效果。下面介绍制作恐怖片字幕效果的操作方法。

扫描前言二维码 获取文件资源	素材文件	素材\第9章\古堡惊魂.VSP
	效果文件	效果\第9章\古堡惊魂.VSP
	视频文件	视频\第9章\实例140 制作恐怖片字幕效果.mp4

步骤 01 进入会声会影编辑器,打开一个项目文件,如图9-58所示。

步骤 02 切换至"滤镜"选项卡,单击窗口上方的"画廊"按钮,在弹出的列表框中选择"标题效果"选项,在其中选择"老电影"滤镜效果,为字幕文件添加"老电影"滤镜效果,单击导览面板中的"播放"按钮,预览制作的恐怖片字幕效果,如图9-59所示。

图9-58 打开项目文件 　　　　图9-59 预览制作的恐怖片字幕效果

实例141 制作双重颜色动画字幕效果

在会声会影X10中,"色彩偏移"滤镜是"标题效果"素材库中的一个滤镜,应用"色彩偏移"滤镜可以制作双重颜色动画字幕效果。下面介绍制作双重颜色动画字幕效果的方法。

扫描前言二维码 获取文件资源	素材文件	素材\第9章\火红辣椒.VSP
	效果文件	效果\第9章\火红辣椒.VSP
	视频文件	视频\第9章\实例141　制作双重颜色动画字幕效果.mp4

步骤 01 进入会声会影编辑器，打开一个项目文件，如图9-60所示。

步骤 02 切换至"滤镜"选项卡，选择"色彩偏移"滤镜，添加至标题轨中的字幕文件上，执行上述操作后，即可在预览窗口中预览制作的双重颜色动画字幕效果，如图9-61所示。

图9-60　打开项目文件　　　　图9-61　预览制作的双重颜色动画字幕效果

实例142　制作随机字幕转场效果

在会声会影X10中，用户可以利用字幕文件制作随机字幕转场效果。下面介绍制作随机字幕转场效果的操作方法。

扫描前言二维码 获取文件资源	素材文件	素材\第9章\绿色心情.VSP
	效果文件	效果\第9章\绿色心情.VSP
	视频文件	视频\第9章\实例142　制作随机字幕转场效果.mp4

步骤 01 进入会声会影编辑器，打开一个项目文件，如图9-62所示。

步骤 02 在标题轨中选择字幕文件，单击鼠标右键，在弹出的快捷菜单中选择"复制"命令，在原文件的位置粘贴字幕文件，即可完成制作的随机字幕转场效果。单击导览面板中的"播放"按钮，预览制作的随机字幕转场效果，如图9-63所示。

图9-62　打开项目文件　　　　图9-63　预览制作的随机字幕转场效果

实例143 制作旧电视雪花字幕效果

在会声会影X10中，应用"微风"滤镜可以制作旧电视雪花字幕效果。下面介绍制作旧电视雪花字幕效果的操作方法。

扫描前言二维码 获取文件资源	素材文件	素材\第9章\靖港古镇.VSP
	效果文件	效果\第9章\靖港古镇.VSP
	视频文件	视频\第9章\实例143　制作旧电视雪花字幕效果.mp4

🔍 **步骤 01** 进入会声会影编辑器，打开一个项目文件，如图9-64所示。

🔍 **步骤 02** 单击"滤镜"按钮，切换至"滤镜"选项卡，选择"微风"滤镜，如图9-65所示，添加至标题轨中的字幕文件上。

图9-64　打开项目文件　　　　　　　图9-65　选择"微风"滤镜

🔍 **步骤 03** 选择字幕文件，进入"属性"选项面板，单击"自定义滤镜"按钮，弹出"微风"对话框，选择结尾关键帧，设置"程度"为35，如图9-66所示。

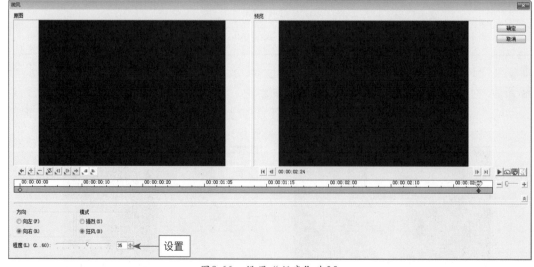

图9-66　设置"程度"为35

🔍 **步骤 04** 设置完成后，单击"确定"按钮，返回会声会影编辑器，单击导览面板中的"播放"按钮，预览制作的旧电视雪花字幕效果，如图9-67所示。

图9-67　预览制作的旧电视雪花字幕效果

实例144　制作无痕迹自动变色字幕效果

在会声会影X10中，应用"色彩替换"滤镜可以制作无痕迹自动变色字幕效果。下面介绍应用"色彩替换"滤镜的操作方法。

扫描前言二维码获取文件资源	素材文件	素材\第9章\烟柳画桥.VSP
	效果文件	效果\第9章\烟柳画桥.VSP
	视频文件	视频\第9章\实例144　制作无痕迹自动变色字幕效果.mp4

🔍**步骤 01**　进入会声会影编辑器，打开一个项目文件，如图9-68所示。

🔍**步骤 02**　单击"滤镜"按钮，切换至"滤镜"选项卡，单击窗口上方的"画廊"按钮，在弹出的列表框中选择"NewBlue 视频精选Ⅱ"选项，进入"NewBlue 视频精选Ⅱ"素材库，在其中选择"颜色替换"滤镜效果，如图9-69所示。按住鼠标左键将其拖曳至标题轨中的字幕文件上方，释放鼠标左键即可添加"颜色替换"滤镜。

🔍**步骤 03**　选择字幕文件，进入"属性"选项面板，单击"自定义滤镜"按钮，弹出"NewBlue颜色替换"对话框，在其中选择"蓝到红"选项，单击"确定"按钮，返回会声会影编辑器，单击导览面板中的"播放"按钮，预览制作的无痕迹自动变色字幕效果，如图9-70所示。

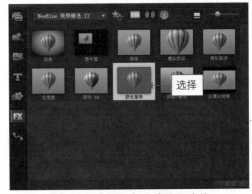

图9-68　打开项目文件　　　　　　　　　　图9-69　选择"颜色替换"滤镜

图9-70 预览制作的无痕迹自动变色字幕效果

实例145 制作绚丽霓虹灯字幕效果

在会声会影X10中，用户可以为视频添加霓虹灯字幕效果。下面介绍制作绚丽霓虹灯字幕效果的操作方法。

扫描前言二维码 获取文件资源	素材文件	素材\第9章\旋转世界.VSP
	效果文件	效果\第9章\旋转世界.VSP
	视频文件	视频\第9章\实例145 制作绚丽霓虹灯字幕效果.mp4

步骤 01 进入会声会影编辑器，打开一个项目文件，如图9-71所示。

步骤 02 选择字幕文件，按顺序设置文字的颜色分别为红、绿、黄、紫，如图9-72所示。

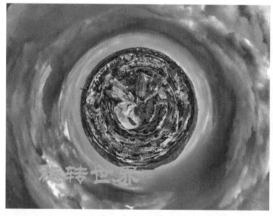

图9-71 打开项目文件

图9-72 设置字体颜色1

步骤 03 复制字幕文件到右侧的标题轨，按顺序设置字体颜色为绿、黄、紫、红，如图9-73所示。

步骤 04 用与上同样的方法在标题轨的右侧，复制字幕文件，如图9-74所示，并设置字幕文件的颜色。

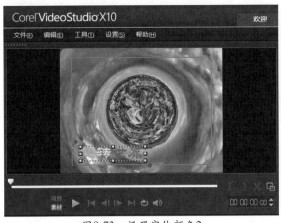

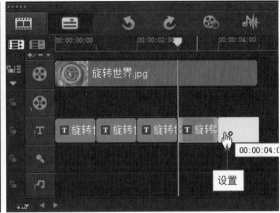

图9-73 设置字体颜色2　　　　　　　　图9-74 复制字幕文件

步骤 05 执行上述操作后，单击导览面板中的"播放"按钮，即可预览制作的绚丽霓虹灯字幕效果，如图9-75所示。

图9-75 预览制作的绚丽霓虹灯字幕效果

实例146 制作MV字幕特效

在会声会影X10中，用户可以为视频添加MV字幕特效。下面介绍制作MV字幕特效的操作方法。

扫描前言二维码获取文件资源	素材文件	素材\第9章\不说再见.VSP
	效果文件	效果\第9章\不说再见.VSP
	视频文件	视频\第9章\实例146　制作MV字幕特效.mp4

步骤 01 进入会声会影编辑器，打开一个项目文件，如图9-76所示。

步骤 02 打开"轨道管理器"对话框，在其中设置"标题轨"数量为2个，设置完成后单击"确定"按钮，如图9-77所示。

图9-76 打开项目文件

图9-77 设置相关参数

🔍步骤 03 在标题轨1中添加歌词字幕文件，复制添加的字幕文件到标题轨2中，如图9-78所示。

🔍步骤 04 选择标题轨2中的字幕文件，在"编辑"选项面板中设置颜色为红色，在"属性"选项面板中选中"动画"单选按钮和"应用"复选框，设置"选取动画类型"为"淡化"，在下方选择相应的预设样式，如图9-79所示。

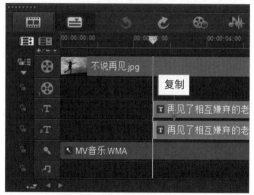

图9-78 复制添加的字幕文件

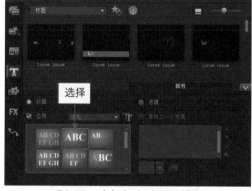

图9-79 选择相应的预设样式

🔍步骤 05 单击导览面板中的"播放"按钮，即可预览制作的MV特效，如图9-80所示。

图9-80 预览制作的MV特效

第10章

音乐飘扬：制作背景音乐特效

学习提示

　　影视作品是一门声画艺术，音频在影片中是不可或缺的元素。音频也是一部影片的灵魂，在后期制作中，音频的处理相当重要，如果声音运用得恰到好处，就会给观众带来耳目一新的感觉。本章主要介绍制作视频背景音乐特效的各种操作方法。

🗑 CLEAR　　⬆ SUBMIT

本章重点导航

🗑 CLEAR　　⬆ SUBMIT

实例147 将手机中的录音导入音乐轨

在会声会影X10中，用户可以将手机中的音频文件导入音乐轨中，为视频画面添加背景声音。下面介绍将手机中的录音导入音乐轨中的操作方法。

扫描前言二维码 获取文件资源	素材文件	无
	效果文件	无
	视频文件	视频\第10章\实例147　将手机中的录音导入音乐轨.mp4

步骤 01 连接手机数据线，在相应文件夹下查看相应的录音文件。进入会声会影编辑器，在音乐轨中的适当位置单击鼠标右键，在弹出的快捷菜单中选择"插入音频"|"到音乐轨1"命令，如图10-1所示。

步骤 02 弹出"打开音频文件"对话框，在其中选择相应的音频素材，单击"打开"按钮，即可在音乐轨1中添加相应的音频素材，如图10-2所示。单击导览面板中的"播放"按钮，试听音频文件效果。

图10-1　选择相应命令

图10-2　添加相应的音频素材

实例148 分别添加歌曲伴奏和清唱歌声

在会声会影X10中，用户可以同时添加歌曲伴奏和清唱歌声，制作相应的个性化卡拉OK效果。下面分别介绍添加歌曲伴奏和清唱歌声的操作方法。

扫描前言二维码 获取文件资源	素材文件	无
	效果文件	无
	视频文件	视频\第10章\实例148　分别添加歌曲伴奏和清唱歌声

步骤 01 用户首先需自行下载需要的伴奏和清唱歌声文件。进入会声会影编辑器，在音乐轨中的适当位置单击鼠标右键，在弹出的快捷菜单中选择"插入音频"|"到音乐轨1"命令，弹出"打开音频文件"对话框，在其中选择前面下载好的歌曲伴奏音频素材，单击"打开"按钮，即可在音乐轨1中添加相应的音频素材，如图10-3所示。

步骤 02 在声音轨中的适当位置单击鼠标右键，在弹出的快捷菜单中选择"插入音频"|"到声音轨"命令，弹出"打开音频文件"对话框，在其中选择相应清唱歌声音频素材，单击"打开"按钮，即可在声音轨中添加相应的清唱歌声音频素材，如图10-4所示。单击导览面板中的"播放"按钮，即可试听音频效果。

图10-3　添加相应的音频素材

图10-4　添加相应的清唱歌声音频素材

实例149　为歌曲伴奏实时演唱录制歌声

在会声会影X10中，用户可以使用"画外音"为歌曲伴奏实时演唱录制歌声。下面介绍为歌曲伴奏实时演唱录制歌声的操作方法。

扫描前言二维码获取文件资源	素材文件	素材\第10章\风吹花香.VSP
	效果文件	效果\第10章\风吹花香.VSP
	视频文件	视频\第10章\实例149　为歌曲伴奏实时演唱录制歌声.mp4

步骤 01 将麦克风插入用户的计算机中，进入会声会影编辑器，打开一个项目文件，在时间轴面板上单击"录制/捕获选项"按钮，弹出"录制/捕获选项"对话框，单击"画外音"按钮，如图10-5所示。

步骤 02 弹出"调整音量"对话框，单击"开始"按钮，即可开始录音，录制完成后，按【Esc】键停止录制。执行上述操作后，单击导览面板中的"播放"按钮，即可预览画面效果，并试听音频效果，如图10-6所示。

图10-5　单击"画外音"按钮

图10-6　预览画面效果

实例150 录制电视节目画外音

在会声会影X10中，用户可根据需要为电视节目录制画外音文件。下面介绍录制电视节目画外音的操作方法。

扫描前言二维码获取文件资源	素材文件	素材\第10章\福元路大桥.mpg
	效果文件	效果\第10章\福元路大桥.VSP
	视频文件	视频\第10章\实例150　录制电视节目画外音.mp4

步骤 01　进入会声会影编辑器，在视频轨中插入一段视频素材，如图10-7所示。

步骤 02　将麦克风插入用户的计算机中，在时间轴面板上单击"录制/捕获选项"按钮，弹出"录制/捕获选项"对话框，单击"画外音"按钮，如图10-8所示。弹出"调整音量"对话框，单击"开始"按钮，执行操作后，开始录音，录制完成后，按【Esc】键停止录制，录制的音频即可添加至声音轨中。

图10-7　插入一段视频素材

图10-8　单击"画外音"按钮

实例151 为游乐场视频添加背景音乐

在会声会影X10中，用户可以为视频文件添加背景音乐，使视频具有更好的效果。下面介绍为游乐场视频添加背景音乐的操作方法。

扫描前言二维码获取文件资源	素材文件	素材\第10章\游乐场.mpg、背景音乐.wma
	效果文件	效果\第10章\游乐场.VSP
	视频文件	视频\第10章\实例151　为游乐场视频添加背景音乐.mp4

步骤 01　进入会声会影编辑器，在视频轨中插入一段视频素材，如图10-9所示。

步骤 02 在音乐轨中的适当位置单击鼠标右键，在弹出的快捷菜单中选择"插入音频"|"到音乐轨1"命令，弹出"打开音频文件"对话框，在其中选择相应的背景音乐素材，单击"打开"按钮，即可在音乐轨中添加相应的背景音乐素材，如图10-10所示。单击导览面板中的"播放"按钮，即可预览视频画面效果，并试听音乐效果。

图10-9　插入视频素材

图10-10　添加相应的背景音乐素材

实例152　添加软件自带的自动音乐文件

自动音乐是会声会影X10自带的一个音频素材库，同一个音乐有许多变化的风格供用户选择，从而使素材更加丰富。下面介绍添加自动音乐的操作方法。

扫描前言二维码获取文件资源	素材文件	素材\第10章\五光十色.jpg
	效果文件	无
	视频文件	视频\第10章\实例152　添加软件自带的自动音乐文件.mp4

步骤 01 进入会声会影编辑器，在视频轨中插入一幅图像素材，在预览窗口中可以预览图像效果，如图10-11所示。

步骤 02 单击时间轴面板上方的"自动音乐"按钮，打开"自动音乐"选项面板，在"类别"下方选择第一个选项，在"歌曲"下方选择第二个选项，在"版本"下方选择第三个选项，如图10-12所示。

图10-11　预览图像效果

图10-12　选择歌曲

步骤 03 在面板中单击"播放选定歌曲"按钮，开始播放音乐，播放至合适位置后，单击"停止"按钮，然后单击"添加到时间轴"按钮，如图10-13所示。

步骤 04 执行上述操作后，即可在时间轴中添加背景音乐，如图10-14所示。

图10-13 单击"添加到时间轴"按钮　　　　图10-14 在时间轴中添加背景音乐

实例153 剪辑音乐的片头和片尾部分

在会声会影X10中，用户可以对音乐的片头和片尾部分进行剪辑，以获得更好的声音效果。下面介绍剪辑音乐的片头和片尾部分的操作方法。

扫描前言二维码 获取文件资源	素材文件	素材\第10章\鲜花盛开.VSP
	效果文件	效果\第10章\鲜花盛开.VSP
	视频文件	视频\第10章\实例153　剪辑音乐的片头和片尾部分.mp4

步骤 01 进入会声会影编辑器，打开一个项目文件，在预览窗口中可以查看项目效果，如图10-15所示。

步骤 02 将时间线移至00:00:00:15的位置，选择音频素材，单击鼠标右键，在弹出的快捷菜单中选择"分割素材"命令，如图10-16所示。

图10-15 查看项目效果　　　　图10-16 选择"分割素材"命令

步骤 03 即可剪辑音乐文件的片头部分，选择左侧的音乐文件进行删除操作。将时间线移至00:00:02:10的位置，单击鼠标右键，在弹出的快捷菜单中选择"分割素材"命令，即可剪辑片尾部分的音乐文件，如图10-17所示。

步骤 04 选择右侧的音乐文件进行删除操作，在时间轴中可以查看剪辑后的音乐文件，如图10-18 所示。单击导览面板中的"播放"按钮，可以预览画面效果并试听音乐效果。

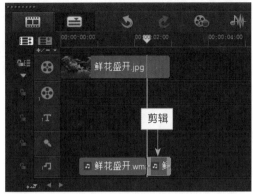

图10-17　剪辑片尾部分文件

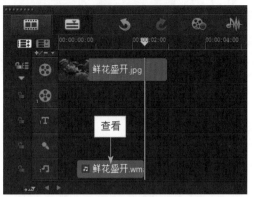

图10-18　查看剪辑后的音乐文件

实例154　在音乐音波上添加关键帧调节声效

在会声会影X10中，用户可以在音乐音波上添加关键帧调节声效，从而自定义调节声音的属性。下面介绍在音乐音波上添加关键帧调节声效的操作方法。

扫描前言二维码获取文件资源	素材文件	素材\第10章\热气球.VSP
	效果文件	效果\第10章\热气球.VSP
	视频文件	视频\第10章\实例154　在音乐音波上添加关键帧调节声效.mp4

步骤 01 进入会声会影编辑器，打开一个项目文件，在时间轴面板上单击"混音器"按钮，即可在音乐轨中查看音乐的音波，将鼠标指针移至声音素材中的音量调节线上，按住鼠标左键将其向下拖曳，即可运用关键帧降低素材音量，如图10-19所示。

步骤 02 执行上述操作后，单击导览面板中的"播放"按钮，在预览窗口中预览视频画面并试听音频效果，如图10-20所示。

图10-19　降低素材音量

图10-20　预览视频画面并试听音频效果

实例155 制作音频淡入与淡出特效

在会声会影X10中，使用淡入淡出的音频效果，可以避免音乐的突然出现和突然消失，使音乐能够有一种自然的过渡效果。下面介绍应用淡入淡出特效的操作方法。

扫描前言二维码 获取文件资源	素材文件	素材\第10章\湖光春色.VSP
	效果文件	效果\第10章\湖光春色.VSP
	视频文件	视频\第10章\实例155　制作音频淡入与淡出特效.mp4

步骤 01 进入会声会影编辑器，打开一个项目文件，如图10-21所示。

步骤 02 在声音轨中选择音频文件，切换至混音器视图，切换至"属性"选项面板，在其中分别单击"淡入"按钮和"淡出"按钮，如图10-22所示，即可添加淡入淡出效果，在声音轨中将显示添加的关键帧。

图10-21　打开项目文件

图10-22　单击相应按钮

实例156 去除背景声音中的噪音声效

在会声会影X10中，用户可以使用音频滤镜来去除背景声音中的噪音声效。下面介绍去除背景声音中的噪音声效的操作方法。

扫描前言二维码 获取文件资源	素材文件	素材\第10章\酷炫特效.mp4
	效果文件	效果\第10章\酷炫特效.mpg
	视频文件	视频\第10章\实例156　去除背景声音中的噪音声效.mp4

步骤 01 进入会声会影编辑器，在视频轨中插入一段视频素材，切换至"滤镜"选项卡，在窗口上方单击"显示音频滤镜"按钮，在"音频滤镜"素材库中选择"NewBlue减噪器"音频滤镜，如图10-23所示。

步骤 02 按住鼠标左键将其拖曳至视频轨中的视频素材上方，添加音频滤镜，单击导览面板中的"播放"按钮，试听去除背景声音中的噪音声效，预览视频画面效果，如图10-24所示。

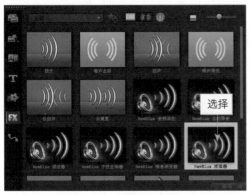

图10-23　选择相应滤镜

图10-24　预览视频画面效果

实例157　制作背景声音等量化特效

在会声会影X10中，新增了等量化音频滤镜，等量化音频可自动平衡一组所选音频和视频素材的音量级别。无论音频的音量是否过大或过小，等量化音频可确保所有素材之间的音量范围保持一致。下面介绍应用"等量化音频"滤镜的操作方法。

扫描前言二维码 获取文件资源	素材文件	素材\第10章\魅力天空.VSP
	效果文件	效果\第10章\魅力天空.VSP
	视频文件	视频\第10章\实例157　制作背景声音等量化特效.mp4

🔍 **步骤 01**　进入会声会影编辑器，打开一个项目文件，单击导览面板中的"播放"按钮，在预览窗口中预览打开的项目效果，如图10-25所示。

🔍 **步骤 02**　选择声音轨中的音频素材，单击界面上方的"滤镜"按钮，切换至"滤镜"选项卡，在上方单击"显示音频滤镜"按钮，显示软件中的多种音频滤镜，在其中选择"等量化"音频滤镜，如图10-26所示，在选择的滤镜上按住鼠标左键将其拖曳至声音轨中的音频素材上，释放鼠标左键，即可添加音频滤镜。

图10-25　预览项目效果

图10-26　选择"等量化"滤镜

实例158 制作声音的变音声效

在会声会影X10中，用户可以为视频制作变音声效。下面介绍制作声音的变音声效的操作方法。

扫描前言二维码 获取文件资源	素材文件	素材\第10章\幸福日子.VSP
	效果文件	效果\第10章\幸福日子.VSP
	视频文件	视频\第10章\实例158 制作声音的变音声效.mp4

🔍步骤 01 进入会声会影编辑器，打开一个项目文件，进入"音乐和声音"选项面板，在其中单击"音频滤镜"按钮，弹出"音频滤镜"对话框，在左侧列表框中选择"音调偏移"选项，单击"添加"按钮，即可添加"音调偏移"音频滤镜，单击"选项"按钮，如图10-27所示。

🔍步骤 02 弹出"音调偏移"对话框，在其中拖曳"半音调"下方滑块至-6的位置，设置完成后，单击"确定"按钮，返回会声会影编辑器，单击导览面板中的"播放"按钮，即可预览视频画面并试听音频效果，如图10-28所示。

图10-27 单击"选项"按钮

图10-28 预览视频画面并试听音频效果

实例159 制作多音轨声音特效

在视频制作过程中，常常用到多音轨，多音轨是指将不同声音效果放入不同轨道。下面介绍制作多音轨视频的操作方法。

扫描前言二维码 获取文件资源	素材文件	素材\第10章\佛家大成.VSP、佛家大成2.wma、佛家大成3.wma
	效果文件	效果\第10章\佛家大成.VSP
	视频文件	视频\第10章\实例159 制作多音轨声音特效.mp4

步骤 01 进入会声会影编辑器，打开一个项目文件，选择"设置"|"轨道管理器"命令，弹出"轨道管理器"对话框，在其中设置"音乐轨"数量为3，设置完成后，单击"确定"按钮。将时间移至00:00:00:00位置，在第二条音乐轨和第三条音乐轨相同的位置，分别添加两段不同的音乐素材，如图10-29所示。

步骤 02 执行操作后，即可完成多音轨声音特效的制作，单击导览面板中的"播放"按钮，即可预览视频画面并试听制作的多音轨视频效果，如图10-30所示。

图10-29　分别添加两段不同的音乐素材

图10-30　预览视频画面

第11章

发烧最爱：插件的应用

学习提示

　　在会声会影X10中，可以使用多种滤镜和转场的插件。用户在完成插件安装和挂接后，即可使用插件，从而制作出更为酷炫的特效或更加唯美的画面效果。本章主要向读者介绍几款常见插件的安装、挂接和使用的操作方法。

🗑 CLEAR　　⬆ SUBMIT

本章重点导航

🗑 CLEAR　　⬆ SUBMIT

实例160　安装好莱坞转场特效

好莱坞插件是品尼高公司(Pinnacle)的产品，它实际上是一款专做3D转场特效的软件，可以作为很多其他视频编辑软件的插件来使用。下面介绍安装好莱坞转场特效的操作方法。

将好莱坞转场特效的安装文件复制到计算机中，进入安装程序文件夹，双击打开安装程序，即可启动安装程序，进入"选择安装目录"页面，在其中设置插件的安装路径，设置完成后单击"安装"按钮，如图11-1所示，进入下一个界面。

执行上述操作后，软件将进行自动安装，并显示安装进度。稍等片刻，弹出提示信息框，提示已经安装成功，单击"确定"按钮，如图11-2所示，即可完成安装。

图11-1　单击"安装"按钮

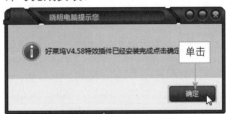
图11-2　单击"确定"按钮

实例161　挂接好莱坞插件

好莱坞插件安装成功后，需要进行挂接才能在会声会影X10中进行使用。下面介绍挂接好莱坞插件的操作方法。

进入安装文件夹，在Plugins文件夹中选择Hfx4GLD.vfx文件，复制到会声会影X10安装程序目录下，如图11-3所示。重启会声会影X10软件，在"转场"素材库中可以查看并使用好莱坞转场效果，如图11-4所示。

图11-3　复制文件

图11-4　查看并使用好莱坞转场效果

实例162　安装G滤镜

G滤镜是一款功能强大的第三方特效滤镜插件，用户可以在会声会影X10中安装和使用G滤镜, 制作一些特效滤镜。

将G滤镜的安装文件复制到计算机中, 进入安装程序文件夹, 双击打开安装程序, 即可启动安装程序; 然后选择需要安装的语言, 单击OK按钮; 进入安装页面, 单击Next按钮; 在相应界面中选中I accept the terms in the license agreement复选框, 单击Next按钮; 设置用户参数, 单击Next按钮; 选择安装模式, 单击Next按钮, 如图11-5所示。

执行上述操作后, 进入下一个页面, 在其中设置安装路径, 单击Next按钮; 进入相应页面, 单击Install按钮, 即可开始安装, 并显示安装进度。稍等片刻, 弹出提示信息框, 提示已经安装成功, 单击Finish按钮, 如图11-6所示, 即可完成安装。

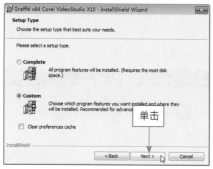

图11-5 单击Next按钮

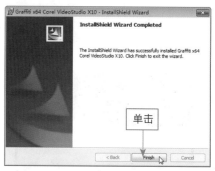

图11-6 单击Finish按钮

实例163 添加G滤镜至素材中

用户完成G滤镜的安装后, 即可在会声会影中使用G滤镜制作好看的视频特效。下面介绍添加G滤镜的操作方法。

进入会声会影编辑器, 在视频轨中插入一幅图像素材, 如图11-7所示。在"滤镜"素材库中选择安装好的G滤镜, 按住鼠标左键将其拖曳至视频轨的图像素材上方, 如图11-8所示, 释放鼠标左键即可在预览窗口中查看添加的画面效果,。

图11-7 插入一幅图像素材

图11-8 拖曳至视频轨

实例164 使用G滤镜制作文字旋转特效

在会声会影X10中, 用户可以通过G滤镜制作出个性化的特效。下面介绍使用G滤镜制作文字旋转特效的操作方法。

扫描前言二维码 获取文件资源	素材文件	素材\第11章\风景如画.VSP
	效果文件	效果\第11章\风景如画.VSP
	视频文件	视频\第11章\实例164　使用G滤镜制作文字旋转特效.mp4

步骤 01 进入会声会影编辑器，打开上一例中的效果文件，在"属性"选项面板中单击"自定义滤镜"按钮，弹出相应对话框，在其中选择相应的滤镜样式，如图11-9所示。

步骤 02 在左侧的文本框中修改文字为"风景如画"，设置完成后单击Insert Text按钮，然后单击Apply按钮，回到会声会影操作界面，单击导览面板中的"播放"按钮，即可预览制作的视频画面效果，如图11-10所示。

图11-9　选择相应滤镜样式

图11-10　预览制作的视频画面效果

实例165　安装Sayatoo字幕插件

Sayatoo卡拉字幕精灵2是一款专业的视频字幕制作软件，拥有操作界面直观、录制功能高效、参数设置丰富的特点，可以更加快速、精确地制作出质量更高、效果更专业的视频字幕。下面介绍安装Sayatoo卡拉字幕精灵的操作方法。

将Sayatoo卡拉字幕精灵2的安装文件复制到计算机中，进入安装程序文件夹，双击打开安装程序，即可启动安装程序，如图11-11所示。单击"下一步"按钮，进入"许可证协议"页面，选中"我接受协议"复选框，单击"下一步"按钮，进入"选择目的地位置"页面，在其中设置安装的路径后，单击"安装"按钮，即可开始安装，稍等片刻，弹出提示信息框，提示已经安装成功，单击"完成"按钮，如图11-12所示，即可完成安装。

图11-11　启动安装程序

图11-12　单击"完成"按钮

实例166 使用Sayatoo字幕插件

在会声会影X10中，用户可以利用Sayatoo插件制作音乐MV字幕。下面介绍使用Sayatoo字幕插件的操作方法。

扫描前言二维码获取文件资源	素材文件	素材\第11章\我只在乎你.txt、我只在乎你.wma
	效果文件	效果\第11章\我只在乎你.kax
	视频文件	视频\第11章\实例166 使用Sayatoo字幕插件.mp4

步骤 01 进入Sayatoo字幕编辑器，单击"文件"|"导入媒体"命令，导入一段视频素材，用与上同样的方法，导入一段歌词文件，如图11-13所示。

步骤 02 单击"录制"按钮，选中"逐字录制"复选框，单击"开始录制"按钮，根据声音按空格键，即可录制歌词，执行上述操作后，即可在预览窗口中预览制作的歌词字幕文件，如图11-14所示。

图11-13 导入一段歌词文件

图11-14 预览制作的歌词字幕文件

实例167 导入Sayatoo字幕文件到会声会影中

用户使用Sayatoo字幕插件完成字幕文件的制作后，需要导入会声会影中进行编辑。下面介绍导入Sayatoo字幕文件到会声会影中的操作方法。

打开安装Sayatoo字幕插件时会自动生成"生成虚拟AVI视频文件"程序，在其中导入相应的字幕文件，设置"输出虚拟字幕avi视频"的位置，如图11-15所示。单击"开始生成"按钮，稍等片刻提示生成完成，将文件导入至会声会影编辑器的覆叠轨中，预览调整的字幕文件，如图11-16所示。

图11-15 设置相应的位置

图11-16 预览调整的字幕文件

实例168　安装proDAD防抖插件

proDAD Mercalli是一款专业的视频抖动稳定插件，可以帮助大家解决拍摄时产生的图像抖动问题，去除颠簸和颤抖对画面的影响，从而提高画面质量。下面介绍安装proDAD防抖插件的操作方法。

将proDAD防抖插件的安装文件复制到计算机中，进入安装程序文件夹，双击打开安装程序，即可启动安装程序。单击"下一步"按钮，进入"许可协议"页面，单击"我接受本许可协议的条款"按钮，进入"选择目标目录"页面，在其中设置安装的路径，设置完成后单击"下一步"按钮，如图11-17所示。

进入相应界面，单击"安装"按钮，即可开始安装软件，并显示安装进度。稍等片刻，提示"安装Mercalli已完成"，单击"完成，退出"按钮，如图11-18所示，即可安装proDAD防抖插件。

图11-17　单击"下一步"按钮　　　　图11-18　单击"完成，退出"按钮

实例169　使用proDAD防抖插件

在会声会影X10中，proDAD是一款具有"防抖"功能的插件。下面介绍在视频画面中应用proDAD防抖插件的操作方法。

扫描前言二维码获取文件资源	素材文件	素材\第11章\公路行驶.mpg
	效果文件	效果\第11章\公路行驶.VSP
	视频文件	视频\第11章\实例169　使用proDAD防抖插件.mp4

步骤01 进入会声会影编辑器，在视频轨中插入一段视频素材，单击"滤镜"按钮，切换至"滤镜"素材库，在其中选择"防抖滤镜2.0"，按住鼠标左键将其拖曳至视频轨中的视频素材上，在"属性"选项面板中单击"自定义滤镜"按钮，弹出相应对话框，如图11-19所示。

步骤02 在"摇摄平稳"选项区中拖曳下方滑块至68%的位置，选中"避免边界效应"复选框，在下方拖曳滑块至57%的位置，单击"确定"按钮，弹出"分析影片"对话框，并显示分析进度，如图11-20所示，稍等片刻，即可在预览窗口中查看添加"防抖"插件后的视频效果。

图11-19 弹出相应对话框

图11-20 显示分析进度

实例170 安装自定义路径拓展包

　　在会声会影X10中,安装自定义路径拓展包可以在会声会影中一次性添加多个自定义路径效果。下面介绍安装自定义路径拓展包的操作方法。

　　将自定义路径拓展包的安装文件复制到计算机中,进入安装程序文件夹,双击打开安装程序,即可启动安装程序。单击"下一步"按钮,进入"许可协议"页面,选中"我接受协议"复选框,单击"下一步"按钮,如图11-21所示。

　　进入下一个页面,选中"删除缓存文件,以确保成功导入路径"复选框,单击"下一步"按钮,进入"准备安装"页面,单击"安装"按钮,即可开始安装程序,并显示安装进度。稍等片刻,即可完成自定义路径拓展包的安装,单击"完成"按钮,即可退出安装程序,如图11-22所示。

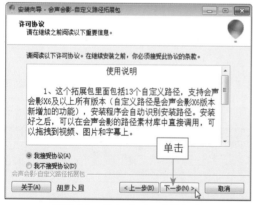

图11-21 单击"下一步"按钮

图11-22 单击"完成"按钮

实例171 使用自定义路径拓展包

　　安装完成后,用户即可在会声会影X10中查看并使用添加的自定义路径拓展包,使用自定义路径可以制作多种画面的运动特效。下面介绍使用自定义路径拓展包的操作方法。

扫描前言二维码 获取文件资源	素材文件	素材\第11章\海上游轮.VSP
	效果文件	效果\第11章\海上游轮.VSP
	视频文件	视频\第11章\实例171　使用自定义路径拓展包.mp4

步骤 01 进入会声会影编辑器，打开一个项目文件，如图11-23所示。

步骤 02 进入"路径"素材库，在其中选择上一例中安装的自定义路径，如图11-24所示。

图11-23　打开项目文件

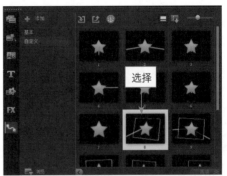

图11-24　选择自定义路径

步骤 03 按住鼠标左键将其拖曳至标题轨中的字幕文件上方，如图11-25所示，释放鼠标左键，即可添加自定义路径效果。

步骤 04 单击导览面板中的"播放"按钮，即可在预览窗口中预览画面效果，如图11-26所示。

图11-25　拖曳至标题轨

图11-26　预览画面效果

> **专家指点**
>
> 本书采用会声会影X10软件编写，请用户一定要使用同版本软件。直接打开资源中的效果文件时，会弹出重新链接素材的提示，如音频、视频、图像素材，甚至提示丢失信息等，这是因为每个用户安装的会声会影X10及素材与效果文件的路径不一致，发生了改变，这属于正常现象，用户只需要将这些素材重新链接素材文件夹中的相应文件，即可链接成功。第一次链接成功后，将文件进行保存，后面打开就不需要再重新链接了。

第12章

分享作品：输出上传视频

学习提示

经过一系列编辑后，用户便可将编辑完成的影片输出成视频文件了。通过会声会影X10提供的"共享"步骤面板，可以将编辑完成的影片进行输出以及将视频共享至新浪微博、优酷网站、微信公众平台及QQ空间等，与好友一起分享制作的视频效果。本章主要介绍输出与分享视频文件的操作方法。

🗑 CLEAR　　⬆ SUBMIT

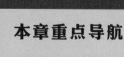

本章重点导航

- 实例172 单独输出整个视频的背景画面
- 实例173 单独输出整个视频的背景音乐
- 实例174 只输出一部分视频画面内容
- 实例175 输出3D视频文件
- 实例176 将项目文件进行加密打包输出
- 实例177 怎样选取视频的输出格式
- 实例178 输出视频为AVI并上传至新浪微博
- 实例179 输出视频为MP4并上传至优酷网站

- 实例180 输出视频为MPG并上传至土豆网
- 实例181 输出视频文件至微信公众号中
- 实例182 输出视频为WMV并上传至QQ空间
- 实例183 在iPad平板电脑中分享视频
- 实例184 在苹果手机中分享视频
- 实例185 将视频分享至安卓手机
- 实例186 将视频刻录到蓝光光盘
- 实例187 将视频刻录到DVD光盘

🗑 CLEAR　　⬆ SUBMIT

实例172　单独输出整个视频的背景画面

在会声会影X10中，单独输出整个视频的背景画面，是指输出没有背景声音的画面视频。下面介绍单独输出整个视频背景画面的方法。

扫描前言二维码 获取文件资源	素材文件	素材\第12章\海边美景.VSP
	效果文件	效果\第12章\海边美景.mpg
	视频文件	视频\第12章\实例172　单独输出整个视频的背景画面.mp4

步骤 01 进入会声会影X10编辑器，打开一个项目文件，如图12-1所示。在时间轴面板的音乐轨中单击"禁用音乐轨"按钮，即可禁用音乐轨。

步骤 02 在工作界面的上方单击"共享"标签，切换至"共享"步骤面板，在上方面板中选择MPEG-2选项，在下方面板中单击"文件位置"右侧的"浏览"按钮，弹出"浏览"对话框，在其中设置视频文件的输出名称与输出位置，单击"保存"按钮。返回会声会影编辑器，单击下方的"开始"按钮，开始渲染视频文件，并显示渲染进度，如图12-2所示，稍等片刻，即可完成单独输出视频背景画面的操作。

图12-1　打开项目文件

图12-2　渲染视频文件

实例173　单独输出整个视频的背景音乐

在会声会影X10中，用户可以单独输出声音素材，并将影片中的音频素材单独保存，以便在声音编辑软件中处理或者应用到其他项目中。下面介绍单独输出项目中的背景音乐的操作方法。

扫描前言二维码 获取文件资源	素材文件	素材\第12章\品味生活.mpg
	效果文件	效果\第12章\品味生活.wav
	视频文件	视频\第12章\实例173　单独输出整个视频的背景音乐.mp4

🔍步骤 01　进入会声会影编辑器，在视频轨中插入一段视频素材，如图12-3所示。在工作界面的上方单击"共享"标签，切换至"共享"步骤面板，选择"音频"选项，在下方的面板中单击"格式"右侧的下三角按钮，在弹出的列表框中选择WAV选项，是指输出WAV音频文件。

🔍步骤 02　单击"文件位置"右侧的"浏览"按钮，弹出"浏览"对话框，在其中设置音频文件的输出名称为"品味生活"，在"音频"选项的下方面板中单击"开始"按钮，开始渲染音频文件，并显示渲染进度，待音频文件渲染完成后，弹出信息提示框，如图12-4所示，提示用户音频文件创建完成，单击"确定"按钮即可。

图12-3　插入一段视频素材

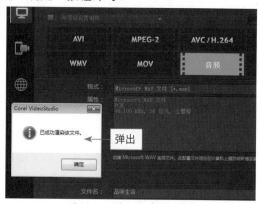

图12-4　弹出信息提示框

实例174　只输出一部分视频画面内容

在会声会影X10中渲染影片时，为了更好地查看视频效果，常常需要渲染影片中的部分视频。下面介绍渲染输出指定范围影片的操作方法。

扫描前言二维码获取文件资源	素材文件	素材\第12章\山川美景.mpg
	效果文件	效果\第12章\山川美景.mpg
	视频文件	视频\第12章\实例174　只输出一部分视频画面内容.mp4

🔍步骤 01　进入会声会影编辑器，在视频轨中插入一段视频文件。在时间轴面板中将时间线移至00:00:01:00的位置，在导览面板中单击"开始标记"按钮，标记视频的起始点；在时间轴面板中将时间线移至00:00:04:00的位置，在导览面板中单击"结束标记"按钮，标记视频的结束点，如图12-5所示。

🔍步骤 02　单击"共享"标签，切换至"共享"步骤面板，在上方面板中选择MPEG-2选项，是指输出MPG视频格式，单击"文件位置"右侧的"浏览"按钮，弹出"浏览"对话框，在其中设置视频文件的输出名称与输出位置，单击"保存"按钮。返回会声会影编辑器，在面板下方选中"只创建预览范围"复选框，如图12-6所示，单击"开始"按钮，待视频文件渲染输出完成后，弹出信息提示框，单击"确定"按钮，完成指定影片输出范围的操作。

图12-5　单击"结束标记"按钮

图12-6　选中"只创建预览范围"复选框

实例175　输出3D视频文件

在会声会影X10中，用户可以根据需要将相应的视频文件输出为3D视频文件，主要包括MPEG格式、WMV格式以及MVC格式等，用户可根据实际情况选择相应的视频格式进行3D视频文件的输出操作。

扫描前言二维码 获取文件资源	素材文件	素材\第12章\古镇风景.VSP
	效果文件	效果\第12章\古镇风景.m2t
	视频文件	视频\第12章\实例175　输出3D视频文件.mp4

步骤 01　进入会声会影编辑器，打开一个项目文件，在编辑器的上方单击"共享"标签，切换至"共享"步骤面板，在左侧单击"3D影片"按钮，进入"3D影片"选项卡，在上方面板中选择MPEG-2选项，如图12-7所示。

步骤 02　在下方面板中单击"文件位置"右侧的"浏览"按钮，弹出"浏览"对话框，设置视频文件的输出名称与输出位置，设置完成后单击"保存"按钮。返回会声会影编辑器，单击下方的"开始"按钮，开始渲染3D视频文件，并显示渲染进度，如图12-8所示。

图12-7　选择MPEG-2选项

图12-8　显示渲染进度

步骤 03　稍等片刻待3D视频文件输出完成后，弹出信息提示框，提示用户视频文件建立成功，单击"确定"按钮，完成3D视频文件的输出操作，在预览窗口中单击"播放"按钮，预览输出的3D视频画面，如图12-9所示。

图12-9　预览输出的3D视频画面

实例176　将项目文件进行加密打包输出

在会声会影X10中，用户可以将编辑的项目文件保存为压缩文件，还可以对压缩文件进行加密处理。下面介绍保存为压缩文件的操作方法。

扫描前言二维码 获取文件资源	素材文件	素材\第12章\人文古城.VSP
	效果文件	效果\第12章\人文古城.zip
	视频文件	视频\第12章\实例176　将项目文件进行加密打包输出.mp4

🔍步骤 01　进入会声会影编辑器，打开一个项目文件，如图12-10所示。单击"文件"|"智能包"命令，弹出提示信息框，单击"是"按钮，弹出"智能包"对话框，选中"压缩文件"单选按钮，更改文件夹路径后，单击"确定"按钮，弹出"压缩项目包"对话框。

🔍步骤 02　在其中选中"加密添加文件"复选框，单击"确定"按钮，弹出"加密"对话框，在"请输入密码"下方的文本框中输入密码(0123456789)，在"重新输入密码"下方的文本框中再次输入密码(0123456789)，如图12-11所示，单击"确定"按钮，开始压缩文件，弹出提示信息框，提示成功压缩，单击"确定"按钮，即可完成文件的压缩。

图12-10　打开项目文件

图12-11　输入密码

实例177 怎样选取视频的输出格式

在会声会影X10中，用户在对项目完成编辑后，需要对视频进行输出。用户可以根据不同的需要对视频选择不同格式进行输出。下面介绍怎样选取视频的输出格式。

1. 刻成DVD盘送人，或在大屏幕媒体设备(如电视)上观看

这种情况相对要求较高，需要选择清晰度相对高的，如AVC格式，如图12-12所示。

```
AVC (1280 x 720, 50p, 18Mbps)
AVC (1440 x 1080, 25p, 18Mbps)
AVC (1440 x 1080, 50i, 18Mbps)
AVC (1440 x 1080, 50i, 20Mbps)
AVC (1440 x 1080, 50p, 28Mbps)
AVC (1920 x 1080, 25p, 20Mbps)
AVC (1920 x 1080, 50i, 18Mbps)
AVC (1920 x 1080, 50i, 20Mbps)
AVC (1920 x 1080, 24p, 24Mbps)
AVC (1920 x 1080, 50p, 28Mbps)
AVC 4K (3840 x 2160, 25p, 40Mbps)
AVC 4K (3840 x 2160, 50p, 65Mbps)
AVC 4K (4096 x 2160, 25p, 40Mbps)
AVC 4K (4096 x 2160, 50p, 65Mbps)
AVC 4K (4096 x 2304, 25p, 40Mbps)
[MyDVD]AVC (1280 x 720, 50p, 13.5Mbps)
[MyDVD]AVC (1440 x 1080, 50i, 13.5Mbps)
[MyDVD]AVC (1920 x 1080, 50i, 13.5Mbps)
MPEG 优化器
```

图12-12　选择AVC格式

2. 存储于计算机中

这种情况对于视频清晰度没有很高的要求，可以选择WMV格式，如图12-13所示。该格式的视频具有上传快、文件小等特点，但不清晰的缺点也较为明显。

```
WMV (1280 x 720, 25p)
WMV (1280 x 1024, 25p)
WMV (1366 x 1024, 25p)
WMV (1600 x 900, 25p)
WMV (1920 x 1080, 25p)
```

图12-13　选择WMV格式

3. 存储于iPad中

在会声会影X10中，用户可以选择MOV视频格式，主要用于输出至iPad中，该视频格式的特点是空间大、清晰度高，与iPad具有高度兼容性，如图12-14所示。

```
QuickTime (320 x 180, 25p)
QuickTime (640 x 360, 25p)
QuickTime (720 x 576, 25p)
QuickTime (960 x 540, 25p)
QuickTime (1280 x 720, 25p)
QuickTime (1440 x 1080, 25p)
QuickTime (1920 x 1080, 25p)
```

图12-14　选择MOV格式

4. 上传至视频网站中

在会声会影X10中，用户可以选择输出MPEG-2格式的视频，将输出的视频上传至网络中，该格式视频在清晰度和容量上取得了适当的平衡，如图12-15所示。

```
MPEG-2 (720 x 576, 4:3, 50i, 8Mbps)
MPEG-2 (720 x 576, 4:3, 25p, 8Mbps)
MPEG-2 (720 x 576, 16:9, 50i, 8Mbps)
MPEG-2 (720 x 576, 16:9, 25p, 8Mbps)
MPEG-2 (1440 x 1080, 25p, 20Mbps)
MPEG-2 (1440 x 1080, 50i, 25Mbps)
MPEG-2 (1920 x 1080, 25p, 25Mbps)
MPEG-2 (1920 x 1080, 50i, 35Mbps)
[MyDVD]MPEG-2 (720 x 576, 4:3, 50i, 6Mbps)
[MyDVD]MPEG-2 (720 x 576, 16:9, 50i, 6Mbps)
[MyDVD]MPEG-2 (1440 x 1080, 50i, 13.5Mbps)
[MyDVD]MPEG-2 (1920 x 1080, 50i, 13.5Mbps)
MPEG 优化器
```

图12-15　选择MPEG-2格式

实例178　输出视频为AVI并上传至新浪微博

微博，即微博客(MicroBlog)的简称，是一个基于用户关系信息分享、传播以及获取的平台，用户可以通过WEB、WAP等各种客户端组建个人社区，以140字左右的文字更新信息，并实现即时分享。微博在这个时代是一种非常流行的社交工具，用户可以将自己制作的视频文件与微博好友一起分享。下面介绍输出视频为AVI并上传至新浪微博的操作方法。

在会声会影中完成视频的制作后，切换至"共享"步骤面板，在上方面板中选择AVI选项，如图12-16所示，单击下方的"开始"按钮，渲染输出AVI视频文件。

打开相应浏览器，进入新浪微博首页，注册并登录新浪微博账号，在个人中心页面上方单击"视频"按钮，如图12-17所示。接下来用户根据页面提示进行相应操作，即可完成视频的上传，稍后可以在新浪微博中查看发布的视频。

图12-16　选择AVI选项

图12-17　单击"视频"按钮

实例179　输出视频为MP4并上传至优酷网站

优酷网是中国领先的视频分享网站，是中国网络视频行业的知名品牌。接下来向读者介绍输出视频为MP4并上传至优酷网站的操作方法。

在会声会影中完成视频的制作后，切换至"共享"步骤面板，在上方面板中选择MPEG-4选项，如图12-18所示，是指输出MP4视频格式，单击下方的"开始"按钮，渲染输出MP4视频文件。

打开相应浏览器，进入优酷视频首页，注册并登录优酷账号，在优酷首页的右上角位置单击"上传视频"超链接，打开"上传视频-优酷"网页，在页面的中间位置单击"上传视频"按钮，如图12-19所示，用户根据页面提示进行相应操作，即可完成操作，上传MP4视频。

图12-18　选择MPEG-4选项

图12-19　单击"上传视频"按钮

实例180　输出视频为MPG并上传至土豆网

土豆网是一个极具影响力的网络视频平台，是全球较早上线的视频网站之一，更是中国网络视频行业的领军品牌。下面介绍输出视频为MPG并上传至土豆网的操作方法。

在会声会影中完成视频的制作后，切换至"共享"步骤面板，在上方面板中选择MPEG-2选项，如图12-20所示，是指输出MPG视频格式，单击下方的"开始"按钮，渲染输出MPG视频文件。

打开相应浏览器，进入土豆网首页，注册并登录土豆账号，在土豆首页的右上角位置单击"上传视频"按钮，在页面的中间位置单击"选择视频文件"按钮，如图12-21所示。接下来用户根据页面提示进行相应操作，即可成功上传视频文件，此时页面中提示用户视频上传成功，进入审核阶段。

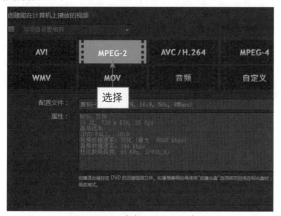

图12-20　选择MPEG-2选项　　　　　　图12-21　单击"选择视频文件"按钮

实例181　输出视频文件至微信公众号中

微信公众平台是腾讯公司在微信的基础上新增的功能模块，通过这个平台，个人和企业都可以打造一个微信的公众号，并实现和特定群体的文字、图片、语音的全方位沟通、互动。随着微信用户数量的增长，微信公众平台已经形成了一种主流的线上线下微信互动营销方式。下面向读者介绍输出视频文件至微信公众号中的操作方法。

在会声会影中完成视频的制作后，切换至"共享"步骤面板，在上方面板中选择MPEG-2选项，如图12-22所示，是指输出MPG视频格式，单击下方的"开始"按钮，渲染输出MPG视频文件。

打开相应浏览器，进入微信公众平台首页，登录账号，进入微信公众号后台，在"素材管理"界面中单击"添加视频"按钮，如图12-23所示。进入相应界面，接下来用户根据页面提示进行相应操作，即可完成视频的上传与添加操作，页面中提示视频正在转码，待转码完成后，即可成功发布视频。

图12-22 选择MPEG-2选项

图12-23 单击"添加视频"按钮

实例182 输出视频为WMV并上传至QQ空间

QQ空间(Qzone)是腾讯公司开发出来的一个个性空间,具有博客(Blog)的功能,自问世以来受到众多人的喜爱。在QQ空间上可以书写日记、上传自己的视频、听音乐、写心情,通过多种方式展现自己。此外,用户还可以根据自己的喜爱设定空间的背景、小挂件等,使每个空间都有自己的特色。下面介绍输出视频为WMV并上传至QQ空间的操作方法。

在会声会影中完成视频的制作后,用与前面实例相同的方法,将视频输出为WMV格式。打开相应浏览器,进入QQ空间首页,注册并登录QQ空间账号,在页面上方单击"视频"超链接,弹出添加视频的面板,在面板中单击"本地上传"超链接,如图12-24所示。用户根据页面提示,完成视频上传操作,视频上传成功后,单击页面右上方的"发表"按钮,如图12-25所示,即可发表用户上传的视频文件。

图12-24 单击"本地上传"超链接

图12-25 单击右上方的"发表"按钮

实例183 在iPad平板电脑中分享视频

在会声会影X10中,用户可以将制作完成的视频文件分享至iPad平板电脑中,用户闲暇时间,看着视频画面可以回忆美好的过去。

使用会声会影编辑器，输出剪辑好的WMV视频，将iPad平板电脑与计算机相连接，从"开始"菜单中启动iTunes软件，进入iTunes工作界面，单击界面右上角的iPad按钮，如图12-26所示。进入iPad界面，单击界面上方的"应用程序"标签，进入"应用程序"选项卡，在下方"文件共享"选项区中选择"PPS影音"软件，单击右侧的"添加"按钮，如图12-27所示。

图12-26　单击界面右上角的iPad按钮

图12-27　单击右侧的"添加"按钮

弹出"添加"对话框，选择前面输出的视频文件"上海夜景"，单击"打开"按钮，选择的视频文件将显示在"'PPS影音'的文档"列表中，表示视频文件上传成功，如图12-28所示。拔掉数据线，在iPad平板电脑的桌面找到"PPS影音"应用程序，单击该应用程序，运行PPS影音，显示欢迎界面，稍等片刻，进入PPS影音播放界面，在左侧单击"下载"，在上方单击"传输"，在"传输"选项卡中单击已上传的"上海夜景"视频文件，如图12-29所示，即可在iPad平板电脑中用PPS影音播放分享的视频文件。

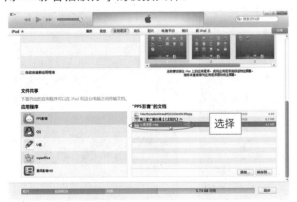

图12-28　视频文件上传成功

图12-29　单击已上传的"上海夜景"视频文件

实例184　在苹果手机中分享视频

将视频分享至苹果手机有两种方式，第一种方式是通过手机助手软件，将视频文件上传至iPhone手机中；第二种方式是通过iTunes软件同步视频文件到iPhone手机中。下面介绍通过iTunes软件同步视频文件到iPhone手机并播放视频文件的操作方法。

使用会声会影编辑器，输出剪辑好的AVI视频，用数据线将iPhone与计算机连接，从"开始"菜单中启动iTunes软件，进入iTunes工作界面，单击界面右上角的iPhone按钮，进入iPhone界面，单击界面上方的"应用程序"标签,如图12-30所示。

执行操作后,进入"应用程序"选项卡,在下方"文件共享"选项区中选择"暴风影音"软件,单击右侧的"添加"按钮,弹出"添加"对话框,选择前面输出的视频文件"花卉风景",单击"打开"按钮,在iTunes工作界面的上方将显示正在复制视频文件,并显示文件复制进度,稍等片刻,待视频文件复制完成后,将显示在"'暴风影音'的文档"列表中,表示视频文件上传成功,如图12-31所示。

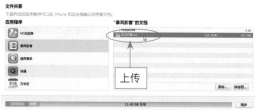

图12-30 单击界面上方的"应用程序"标签   图12-31 视频文件上传成功

拔掉数据线,在iPhone手机的桌面找到"暴风影音"应用程序,如图12-32所示。单击该应用程序,运行暴风影音,显示欢迎界面,如图12-33所示。稍等片刻,进入暴风影音播放界面,单击界面右上角的按钮▦,进入"本地缓存"面板,其中显示了刚上传的"花卉风景.avi"视频文件,单击该视频文件进行播放,如图12-34所示。

图12-32 找到"暴风影音"应用程序   图12-33 显示欢迎界面   图12-34 单击该视频文件

实例185 将视频分享至安卓手机

在会声会影X10中,用户可以将制作好的成品视频分享到安卓手机,然后通过手机中安装的各种播放器播放制作的视频效果。下面介绍将视频分享至安卓手机的操作方法。

在会声会影中完成视频的制作后，切换至"共享"步骤面板，在上方面板中选择MPEG-2选项，是指输出MPG视频格式，在下方面板中单击"文件位置"右侧的"浏览"按钮，即可弹出"浏览"对话框，依次进入安卓手机视频文件夹，然后设置视频的保存名称，如图12-35所示。

单击"保存"按钮，返回会声会影编辑器，单击下方的"开始"按钮，完成视频文件的渲染输出，通过"计算机"窗口，打开安卓手机所在的磁盘文件夹，在其中可以查看已经输出分享至安卓手机的视频文件，如图12-36所示。拔下数据线，在安卓手机中启动相应的视频播放软件，即可播放分享的视频画面。

图12-35　选择安卓手机内存卡所在的磁盘　　　　图12-36　查看视频文件

实例186　将视频刻录到蓝光光盘

蓝光光盘是DVD之后的下一代光盘格式之一，用来存储高品质的影音文件以及高容量的数据存储。下面向读者介绍将制作的视频刻录为蓝光光盘的操作方法。

扫描前言二维码 获取文件资源	素材文件	素材\第12章\喜庆片头.mpg
	效果文件	无
	视频文件	视频\第12章\实例186　将视频刻录到蓝光光盘.mp4

步骤 01 进入会声会影编辑器，在视频轨中插入一段视频素材，单击"工具"｜"创建光盘"｜Blu-ray命令，如图12-37所示。弹出Corel Video Studio对话框，在对话框的左下角单击Blu-ray25G按钮，在弹出的列表框中选择蓝光光盘的容量，这里选择Blu-ray25G选项。

步骤 02 在界面的右下方单击"下一步"按钮，进入"菜单和预览"界面，在"全部"下拉列表框中选择相应的场景效果，即可为影片添加智能场景效果，单击"菜单和预览"界面中的"预览"按钮，进入"预览"窗口，在其中可以预览需要刻录的影片画面效果，视频画面预览完成后，单击界面下方的"后退"按钮，返回"菜单和预览"界面，单击界面下方的"下一步"按钮，如图12-38所示。

图12-37 单击"创建光盘"|Blu-ray命令

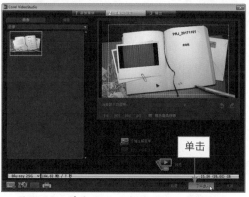

图12-38 单击界面下方的"下一步"按钮

🔍步骤 03 进入"输出"界面,在"卷标"右侧的文本框中输入卷标名称,这里输入"喜庆片头",刻录卷标名称设置完成后,单击"输出"界面下方的"刻录"按钮,如图12-39所示,即可开始刻录蓝光光盘。

图12-39 单击"刻录"按钮

实例187 将视频刻录到DVD光盘

用户可以通过会声会影X10编辑器提供的刻录功能,直接将视频刻录为DVD光盘。这种刻录的光盘能够在计算机和影碟播放机中直接播放。下面介绍将视频刻录到DVD光盘的操作方法。

扫描前言二维码获取文件资源	素材文件	素材\第12章\湘江大桥.mov
	效果文件	无
	视频文件	视频\第12章\实例187 将视频刻录到DVD光盘.mp4

🔍步骤 01 进入会声会影编辑器,在视频轨中插入一段视频素材,单击"工具"|"创建光盘"|DVD命令,弹出Corel VideoStudio对话框,在对话框的左下角单击DVD 4.7G按钮,在弹出的列表框中选择DVD 4.7G选项,在对话框的上方单击"添加/编辑章节"按钮,如图12-40所示。

🔍步骤 02 弹出"添加/编辑章节"对话框,将时间线移至00:00:02:00的位置,单击"添加章节"按钮,即可在时间线位置添加一个章节点,此时下方将出现添加的章节缩略图,章节添加完成后单击"确定"按钮,如图12-41所示,返回Corel VideoStudio对话框,单击"下一步"按钮。

图12-40 单击"添加/编辑章节"按钮

图12-41 单击"确定"按钮

步骤 03 进入"菜单和预览"界面，在其中选择相应的场景效果，执行操作后，即可为影片添加智能场景效果，单击"菜单和预览"界面中的"预览"按钮，进入"预览"窗口，在其中可以预览需要刻录的影片画面效果，视频画面预览完成后，单击界面下方的"后退"按钮，返回"菜单和预览"界面，单击界面下方的"下一步"按钮，如图12-42所示。

步骤 04 进入"输出"界面，在"卷标"右侧的文本框中输入卷标名称，这里输入"湘江大桥"，单击"输出"界面下方的"刻录"按钮，如图12-43所示，即可开始刻录DVD光盘。

图12-42 单击"下一步"按钮

图12-43 单击"刻录"按钮

第13章

网络存储: 应用百度网盘

学习提示

百度网盘是百度公司推出的一项类似于iCloud的网络存储服务,用户可以通过PC、iPhone、Android、Windows Phone等多种平台进行数据共享的网络存储服务。用户可以使用百度网盘对编辑完成的视频文件进行传输、存储、分享等操作。

🗑 CLEAR ⬆ SUBMIT

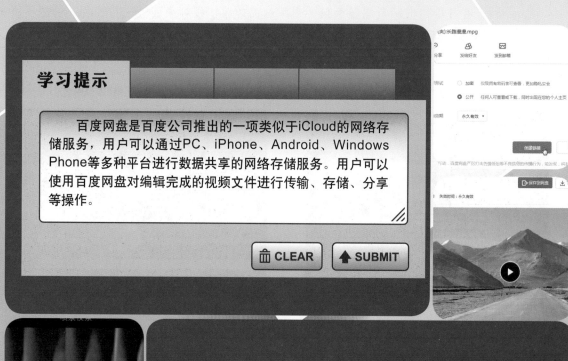

本章重点导航

🗑 CLEAR ⬆ SUBMIT

实例188　几种网盘的介绍

网盘，又常常被称作网络U盘、网络硬盘，网络硬盘是由互联网公司推出的一项在线存储服务，网盘的功能包括文件的存储、访问、备份以及共享等。下面向读者介绍几种常用的网盘。

1. 百度网盘

百度网盘是百度公司推出的一项类似于iCloud的网络存储服务，用户可以通过PC等多种平台进行数据共享的网络存储服务。使用百度网盘，用户可以随时查看与共享文件。

2. 360安全云盘

360安全云盘是奇虎360科技公司开发推出的一款分享式云存储服务产品。每个用户使用该网盘可获得36GB的免费初始容量空间，同时该云盘并没有设置最高容量上限。

3. 115网盘

115网盘是2009年雨林木风计算机科技有限公司推出的在线存储服务产品，后独立为一一五科技有限公司。

实例189　百度网盘的注册与登录

注册并登录百度网盘后，用户可以随时在线存储、查看以及共享文件。下面介绍注册与登录百度网盘的操作方法。

打开相应浏览器，进入百度网盘首页，单击"立即注册"按钮，进入"注册百度账号"页面，如图13-1所示。在其中输入用户名、手机号码、密码、相应的验证码信息，单击"注册"按钮，即可完成注册。根据注册完成的相关信息，在登录界面中输入用户名、密码等信息，即可进入百度网盘页面，如图13-2所示。

图13-1　进入"注册百度账号"页面

图13-2　进入百度网盘页面

实例190　在网盘内新建文件夹

在百度网盘中，为了方便对文件进行存储和管理，用户可以通过新建文件夹的方式对网盘进行分类存储。下面介绍在网盘内新建文件夹的操作方法。

扫描前言二维码 获取文件资源	素材文件	无
	效果文件	无
	视频文件	视频\第13章\实例190　在网盘内新建文件夹.mp4

步骤 01 打开相应浏览器，登录百度云账号，进入百度云个人主页页面，单击页面上方的"网盘"标签，如图13-3所示，即可进入网盘页面。

步骤 02 单击页面上方的"新建文件夹"按钮，即可新建一个文件夹，单击右侧的对号按钮☑，如图13-4所示，即可在页面中查看新建的文件夹。

图13-3　单击"网盘"标签

图13-4　单击右侧的对号按钮

实例191　在网盘内重命名文件夹

　　用户在百度网盘中完成新建文件夹的操作后，可以对文件夹进行重命名操作，以方便对文件夹进行分类管理操作。下面介绍重命名文件夹的操作方法。

扫描前言二维码 获取文件资源	素材文件	无
	效果文件	无
	视频文件	视频\第13章\实例191　在网盘内重命名文件夹.mp4

步骤 01 进入网盘页面，选择上一例中新建的文件夹，单击鼠标右键，在弹出的快捷菜单中选择"重命名"命令，如图13-5所示。

步骤 02 执行操作后，该文件夹呈可编辑状态，在文本框中输入"会声会影"，单击右侧的对号按钮☑，即可完成文件的重命名操作，如图13-6所示。

图13-5　选择"重命名"命令

图13-6　单击右侧的对号按钮

实例192　使用计算机上传视频到网盘

如果用户希望通过网盘与网友一起分享制作的视频文件，首先需要将视频上传至网盘中。下面向读者介绍上传视频到网盘的操作方法。

扫描前言二维码 获取文件资源	素材文件	素材\第13章\长路漫漫.mpg
	效果文件	无
	视频文件	视频\第13章\实例192　使用计算机上传视频到网盘.mp4

🔍**步骤 01** 进入网盘页面，将鼠标指针移至"上传"按钮上，在弹出的列表框中选择"上传文件"选项，如图13-7所示，弹出"打开"对话框，在其中选择所需要上传的文件。

🔍**步骤 02** 单击"打开"按钮，即可开始上传，并显示上传进度，稍等片刻，提示上传完成，如图13-8所示，即可在网盘中查看上传的文件。

图13-7　选择"上传文件"选项

图13-8　提示上传完成

实例193　使用计算机从网盘下载视频

在百度网盘中，用户可以使用计算机任意下载已上传的视频文件。下面介绍使用计算机从网盘下载视频的操作方法。

进入网盘页面，勾选"长路漫漫"视频文件复选框，将鼠标指针移至页面上方的"更多"按钮上，在弹出的下拉列表中选择"下载"选项，如图13-9所示，即可弹出"下载"对话框，设置下载路径，单击"下载"按钮，即可开始下载视频文件，稍等片刻，即可在目标文件夹中查看下载好的视频文件，打开视频文件，即可预览视频效果，如图13-10所示。

图13-9　选择"下载"选项

图13-10　预览视频效果

实例194 使用手机端上传视频至网盘

使用手机下载百度网盘客户端,可以实现随时随地上传的操作,相对于计算机具有更加方便、快捷的特点。下面介绍使用手机端上传视频至网盘的操作方法。

在手机上下载百度网盘客户端,进入百度网盘客户端,单击"登录"按钮,进入登录界面,在其中输入登录信息,单击"登录"按钮,即可进入百度网盘手机客户端操作界面,如图13-11所示。

单击屏幕上方的"上传"按钮🔼,在弹出的面板中单击"视频"图标,如图13-12所示,在相应页面中选择需要上传的视频,在下方设置上传的路径,单击"上传"按钮,即可开始上传视频,稍等片刻,即可完成视频的上传操作。

图13-11 进入登录界面

图13-12 单击"视频"图标

实例195 使用手机端播放网盘视频

用户在手机端完成上传后,可以在手机上播放视频,查看画面效果。下面介绍使用手机端播放网盘视频的操作方法。

进入百度网盘手机客户端,在下方单击"网盘"按钮,进入网盘页面,单击已上传的视频文件,即可在手机上播放网盘视频,如图13-13所示。

图13-13 在手机上播放网盘视频

实例196　使用手机端下载视频

　　用户将视频上传完成后，可以使用手机随时随地下载网盘视频，利用网盘方便快捷的特点，可以解决手机存储空间不足的问题。下面介绍使用手机端下载视频的操作方法。

　　进入百度网盘手机客户端，用户可以查看并预览已经上传的视频文件，单击文件右侧的圆形按钮，在弹出的相应面板中单击"下载"按钮，如图13-14所示。弹出"请选择视频清晰度"对话框，在其中选择"优先流畅下载"选项，如图13-15所示。单击"输出列表"按钮，即可查看下载进度，如图13-16所示，稍等片刻即可完成下载。

图13-14　单击"下载"按钮　　图13-15　选择"优先流畅下载"选项　　图13-16　查看下载进度

实例197　在网盘中分享视频文件

　　用户在百度网盘中可以将视频文件进行共享，与网络上的用户进行交流。下面介绍在网盘中分享视频文件的操作方法。

　　进入网盘页面，将鼠标指针移至"长路漫漫"视频文件上方，在弹出的面板中单击"分享"按钮，弹出相应对话框，在分享形式右侧选中"公开"按钮，单击下方的"创建链接"按钮，如图13-17所示，提示"成功创建公开链接"，对链接进行复制操作，单击"关闭"按钮，在页面左侧单击"我的分享"标签，即可查看分享的视频文件，如图13-18所示。

图13-17　单击"创建链接"按钮　　　　图13-18　查看分享的视频文件

实例198 在网盘中转存视频文件

在百度网盘中，用户可以对网友在网盘中分享的视频文件进行转存，通过转存操作，用户可以在自己的网盘中查看该视频文件。下面介绍在网盘中转存视频文件的操作方法。

打开相应浏览器，将上一例中复制的网盘链接粘贴到浏览器地址栏中，并打开相应网页，单击上方的"保存到网盘"按钮，如图13-19所示。弹出"保存到"对话框，在其中设置需要转存的路径，单击"确定"按钮，如图13-20所示，稍等片刻，提示保存成功，即可在自己的网盘中查看转存的视频文件。

图13-19 单击"保存到网盘"按钮

图13-20 单击"确定"按钮

实例199 在网盘中删除与恢复视频文件

在百度网盘中，用户可以对视频文件进行删除与恢复操作，网盘具有回收站功能，可以在一定期限内恢复已经删除的视频文件。下面向读者介绍在网盘中删除与恢复视频文件的操作方法。

进入网盘页面，勾选"长路漫漫"视频文件复选框，将鼠标指针移至页面上方的"更多"按钮上，在弹出的下拉列表中选择"删除"选项，如图13-21所示，弹出"确认删除"对话框，单击"确定"按钮，即可完成删除操作。在页面左侧单击"回收站"标签，勾选"长路漫漫"视频文件复选框，单击页面上方的"还原"按钮，如图13-22所示，弹出相应对话框，单击"确定"按钮，即可还原视频文件。

图13-21 选择"删除"选项

图13-22 单击"还原"按钮

第14章

移动专题：手机视频的拍摄与制作

学习提示

　　近年来，手机视频的拍摄效果越来越好，几大手机厂商的旗舰机型在成像质量上已经不落后DV太多，而iPhone甚至有了高速视频拍摄的功能，可以拍摄720P的升格视频画面。这些足以表明在视频拍摄领域，手机已经占有一席之地。本章主要向读者介绍如何使用手机拍摄与处理视频文件的操作方法。

🗑 CLEAR　　⬆ SUBMIT

本章重点导航

- 实例200　手机视频拍摄三大要素
- 实例201　常用的视频拍摄视角
- 实例202　常见的手机视频取景方式
- 实例203　直线构图方式
- 实例204　九宫格构图
- 实例205　黄金分割构图法
- 实例206　曝光的诀窍
- 实例207　光线影响效果
- 实例208　手机实拍视频画面内容
- 实例209　导入手机素材到会声会影
- 实例210　旋转手机视频的方向
- 实例211　自定义手机视频画面方向

- 实例212　调节视频尺寸大小
- 实例213　剪辑与合并视频素材
- 实例214　自动调节手机视频白平衡
- 实例215　自定义手机视频画面色温
- 实例216　调节手机视频画面的色调
- 实例217　处理视频画面过暗的问题
- 实例218　处理画面饱和度过低的问题
- 实例219　处理视频画面不清晰的问题
- 实例220　处理视频画面噪点过高的问题
- 实例221　处理画面摇动的视频文件
- 实例222　输出手机视频为MOV格式

🗑 CLEAR　　⬆ SUBMIT

实例200 手机视频拍摄三大要素

随着手机制造技术的不断进步，其成像质量相比以前已有大幅度提高，加上具有分享方便的特点，手机视频拍摄已经成为不少用户的选择。下面介绍手机视频拍摄的三大要素。

1. 保持机器的稳定

对于手机视频拍摄而言，画面的清晰度是一个很重要的评判标准，除了为营造特殊艺术效果的情况，保持拍摄视频画面的清晰度最为重要，保持机器稳定是决定手机视频画面清晰度的关键，所以在手机视频拍摄的过程中，保持机器的稳定是重中之重。

2. 保证画面对焦

因为手机摄像头对焦机制的原因，手机无法像摄像机一样精确对焦，所以在拍摄过程中，如果更换焦点，会产生画面由模糊至清晰的缓慢过程，很容易影响观看者的注意力，所以用户在拍摄视频之前，应该将自动对焦功能关闭。同时应该提前找好对焦点，防止发生拍摄过程中再次对焦的情况，从而保证画面的清晰流畅。

3. 保证光线充足

在手机视频拍摄的过程中，有时会遇到光线不足的情况，如夜晚或在光线不足的室内，这种情况视频很容易出现噪点，会对画面的美感造成严重的影响，如果用户没有专业的灯光设备，也可以利用周围的环境光线，如路灯、广告牌灯光等。如果用户所拍摄的主体是人，要尽量保证人物的面光充足，也可以以逆光的方式拍摄人物主体，从而拍出更有意境的视频。

实例201 常用的视频拍摄视角

手机本身的便捷性和自由度，使得手机视频拍摄者可以采用多种多样的拍摄姿势，从而拍摄处于不同视角的画面。下面介绍一下常用的拍摄视角。

1. 俯拍

俯拍通俗来讲即拍摄者从一个高角度从上向下进行拍摄，使用这种拍摄视角可以很好地表现物体形状，尤其适合于拍摄广阔的场面，例如站在山顶或者楼顶拍摄等，如图14-1所示。

图14-1　俯拍拍摄视角

2. 平拍

平拍即拍摄者与被摄对象处于同一水平线上，拍摄平视角度的视频画面。相对于俯拍，采用平拍视角所拍摄的视频画面与人们的视觉习惯更为相近，也会形成比较正常的透视感，不会产生被摄对象扭曲变形的情况，加之运用比较快捷方便，所以平拍被广泛地应用于视频画面的拍摄当中。

3. 仰拍

采用低角度仰拍所产生的效果与高角度俯拍正好相反。由于拍摄点距离被摄主体底部的距离较近，距离被摄主体顶部的距离较远，根据近大远小的透视原理，低角度仰拍往往会造成拍摄对象下宽上窄的透视变形效果，如图14-2所示。

图14-2　仰拍拍摄视角

实例202　常见的手机视频取景方式

取景，从大的方面看，决定着拍摄者对于主题和题材的选择；从小的方面看，则决定着画面布局和景物的表现。根据拍摄距离的不同，人们常把视频的景别分为远景、全景、中景、近景和特写5种。下面认识一下手机视频拍摄中常见的取景方式。

1. 远景

远景可拍摄到最大的场面，拍摄距离最远，或是人物在画面中占很小的比例。表现的重点是场面的浩大，视野的广阔，常用在电影的开始及结尾处，如图14-3所示。

图14-3　远景取景画面

2. 全景

全景可以显示成年人的全身，且人物头的上方与脚的下方均留有一定空间，相对于远景更偏于叙事性，常被用来交代人物位置关系。

3. 中景

中景拍摄至成年人的膝盖以上，能为人物提供较大的活动空间，不仅能使观众看清人物表情，而且有利于显示人物的形体动作。

4. 近景

近景拍摄至成年人的胸部以上，并在头的上方留有一点点空间，常被应用于表达被拍摄人物的情绪情感。

5. 特写

特定常常被用于表现被拍摄者的内心世界，画面上方取到人物头顶，下方取到露出人物肩膀的位置。

实例203 直线构图方式

在手机视频拍摄的过程中，构图是极为重要的一点，在拍摄者选择拍摄景物的情况下，直线构图是相对简单且效果明显的一种构图方式。下面介绍两种常见的直线构图方式。

1. 水平线构图

水平线原本是指向视线的水平方向看去天和水的交界线。与之类似的构图方式统称为水平线构图。拍摄时常常遇到的情景有：坐在沙滩上静静地远眺大海、行走在一望无际的大草原上、熟透了的麦田、蝴蝶飞舞的花海等，如图14-4所示。

图14-4　水平线构图

2. 垂直线构图

垂直线构图给人稳健、平衡、踏实的视觉感受，这种构图方式常用来表现高耸的景物，如建筑、树木、山川峭壁、瀑布水流等。在垂直的画面内容选取上，既可以表现垂直线的力度和形式感，使画面简洁而大气，也可以在画面中融入一些能带来新鲜感的非对称元素，为画面增加新意。

垂直线构图常用于树木、建筑等主题，同时也常用于人像拍摄。此外在拍摄大的场景时，电线杆、路灯、旗杆经常会是大场景画面中碍眼的物体，也可以将其直接作为主体来尝试拍摄，如图14-5所示。

图14-5　建筑是最好的垂直线构图对象

实例204　九宫格构图

九宫格构图是最为常见、最基本的构图方法。

如果把画面当作一个有边框的面积，把左、右、上、下四个边进行三等分，然后用直线把这些对应的点连起来，画面中就构成一个井字，画面面积分成相等的九个方格，这就是我国古人所称的"九宫格"，井字的四个交叉点就是趣味中心，将主体放置在九宫格的交叉点上，很容易吸引读者目光，如图14-6所示。

图14-6　位于左下交叉点的人物主体

实例205　黄金分割构图法

"黄金分割"是一种由古希腊人发明的几何学公式，遵循这一规则的构图形式被认为是"和谐"的。根据这一伟大规则，古往今来的艺术家们创作了无数令人叹为观止的艺术作品，达·芬奇创作的《蒙娜丽莎的微笑》就是其中最为著名的作品之一。同时知名的苹果手机的Logo，也充分地利用到了"黄金分割"规则，如图14-7所示。

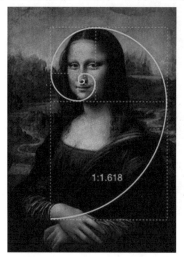 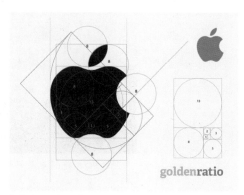

图14-7　黄金分割的代表

黄金分割来源于一串奇异的数字，后来这个以"和谐"著称的黄金比率被应用到视频拍摄之中，于是就产生了神奇的黄金分割构图法。将摄影主体放置于黄金分割点上，从而达到构图的美观与和谐，如图14-8所示。

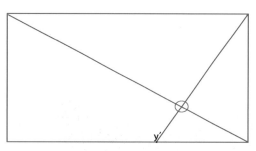 

图14-8　黄金分割点

实例206　曝光的诀窍

曝光是手机视频拍摄最基本的技术元素，视频本身就是因曝光而获取影像的。一般来说，手机的曝光参数主要与感光度、白平衡、曝光补偿三方面有关。下面分别介绍如何在手机中设置相关参数。

1. 感光度

ISO感光度是对光的灵敏度的指数。感光度越高，对光线越敏感，适合于拍摄运动物体或者弱光情况下拍摄；感光度低，图像噪音信号减少，画质细腻，但不适用于拍摄运动物体或者弱光环境。为手机设置感光度，拍摄者可以在拍摄界面单击设置。

2. 白平衡

白平衡控制就是通过图像调整，使在各种光线条件下拍摄出的画面色彩和人眼所看到的景物色彩完全相同。拍摄者同样可以在拍摄界面进行设置，只需要单击相应白平衡模式即可，常见的模式有自动、白炽光、日光、荧光灯、阴天等。

3. 曝光补偿

曝光补偿是一种曝光控制方式，一般常见在±2～3EV左右，如果环境光源偏暗，即可增加曝光值(如调整为+1EV、+2EV)，以突显画面的清晰度。

实例207 光线影响效果

光的方向不同，主体的受光情况便会不同，令拍摄出的视频效果有所改变，光线对画面的好坏大有影响。

不同的光线能够带出不同的感觉，例如希望景物清晰呈现时，可使用正光拍摄；想带出层次质感的话，可尝试侧光技巧；若想表现具有戏剧感的气氛，可尝试将主体放于背光的位置。只要灵活运用不同的光线，就能更易获得理想的拍摄效果，如图14-9所示。

图14-9 利用光线营造层峦叠嶂的效果

实例208 手机实拍视频画面内容

使用手机拍摄视频画面需要尽量保持手机的稳定，用户也可以采用小斯坦尼康，达到稳定作用，在没有稳定器材的情况下，用户应尽量保持机器稳定以小幅度缓慢运动。

在手机桌面单击"相机"图标，如图14-10所示。进入相机界面，切换至视频录制状态，单击下方的红色按钮，即可开始录制视频，如图14-11所示，待录制结束，再次单击红色按钮，即可完成录制。

图14-10 单击"相机"图标

图14-11 开始录制视频

实例209 导入手机素材到会声会影

用手机完成视频素材的拍摄之后，即可将视频素材导入至会声会影中。用户可参照第2章实例15的方法，将视频导入至计算机中，如图14-12所示。执行操作后，进入会声会影编辑器，即可在视频轨中插入导入的视频素材文件，如图14-13所示。

图14-12 将视频导入至计算机中

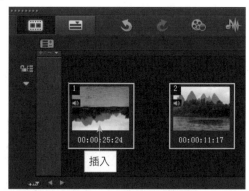

图14-13 插入视频素材文件

实例210 旋转手机视频的方向

在手机视频拍摄的过程中，有时所拍摄的视频会出现上下颠倒的情况，用户可以利用会声会影对视频进行编辑，改变视频画面效果。

扫描前言二维码 获取文件资源	素材文件	素材\第14章\桂林山水.VSP
	效果文件	效果\第14章\桂林山水1.VSP
	视频文件	视频\第14章\实例210 旋转手机视频的方向.mp4

🔍**步骤 01** 进入会声会影编辑器，打开一个项目文件，如图14-14所示。

🔍**步骤 02** 选择第一段视频素材，在"视频"选项面板中连续两次单击"向右旋转"按钮，如图14-15所示，即可旋转手机视频的显示方向。

图14-14 打开项目文件

图14-15 连续两次单击"向右旋转"按钮

实例211　自定义手机视频画面方向

在会声会影X10中，不仅可以使画面以90°的整数倍进行旋转，同时也可以自定义手机视频画面的方向，达到更好的画面效果。下面介绍自定义手机视频画面方向的操作方法。

扫描前言二维码 获取文件资源	素材文件	无
	效果文件	效果\第14章\桂林山水2.VSP
	视频文件	视频\第14章\实例211　自定义手机视频画面方向.mp4

🔍**步骤 01** 打开上一例中的效果文件，在"滤镜"素材库中选择"旋转"滤镜，如图14-16所示，按住鼠标左键将其拖曳至故事板中的第二段视频素材上，添加"旋转"滤镜效果。

🔍**步骤 02** 在"属性"选项面板中单击"自定义滤镜"按钮，弹出"旋转"对话框。选择开始位置的关键帧，在"角度"数值框中输入359；选择结束位置的关键帧，在"角度"右侧的数值框中输入359，如图14-17所示，设置完成后，即可在预览窗口中预览视频画面效果。

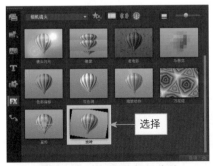

图14-16 选择"旋转"滤镜

图14-17 输入相应数值

实例212 调节视频尺寸大小

在会声会影X10中,当对视频进行旋转操作后,有时会出现黑色边框的情况,用户可以调节视频画面的大小,使视频画面获得更好的效果。下面介绍调节视频尺寸大小的操作方法。

扫描前言二维码获取文件资源	素材文件	无
	效果文件	效果\第14章\桂林山水3.VSP
	视频文件	视频\第14章\实例212 调节视频尺寸大小.mp4

步骤 01 打开上一例中的效果文件,在"属性"选项面板中选中"变形素材"复选框,如图14-18所示。

步骤 02 执行操作后,即可在预览窗口中拖动视频画面周围的黄色控制柄,调节视频画面大小,如图14-19所示。

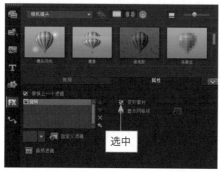

图14-18 选中"变形素材"复选框

图14-19 调节视频画面大小

实例213 剪辑与合并视频素材

在会声会影X10中,对视频进行剪辑后,将视频进行输出操作,可以使多段视频画面合并成为一段。下面介绍剪辑与合并视频素材的操作方法。

扫描前言二维码获取文件资源	素材文件	无
	效果文件	效果\第14章\桂林山水.mpg
	视频文件	视频\第14章\实例213 剪辑与合并视频素材.mp4

步骤 01 打开上一例中的效果文件,切换至时间轴视图,拖动时间轴滑块至00:00:10:00的位置,单击"根据滑轨位置分割素材"按钮,如图14-20所示。

步骤 02 执行操作后,选择第2段视频素材,进行删除操作,切换至"共享"步骤面板,选择MPEG-2选项,在"文件名"文本框中输入"桂林山水",然后单击"文件位置"右侧的"浏览"按钮,设置相应的输出位置,设置完成后,单击"开始"按钮,如图14-21所示,即可开始输出渲染视频,稍等片刻完成渲染。

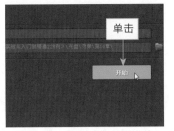

图14-20　单击"根据滑轨位置分割素材"按钮　　　图14-21　单击"开始"按钮

实例214　自动调节手机视频白平衡

在会声会影X10中，使用"色彩校正"功能可以自动调节手机视频的白平衡，从而获得更好的视频画面效果。下面介绍自动调节手机视频白平衡的操作方法。

扫描前言二维码获取文件资源	素材文件	无
	效果文件	效果\第14章\桂林山水4.VSP
	视频文件	视频\第14章\实例214　自动调节手机视频白平衡.mp4

步骤 01　导入上一例中的效果视频文件，进入"视频"选项面板，单击"色彩校正"按钮，如图14-22所示。

步骤 02　执行操作后，即进入相应面板，选中"白平衡"复选框，单击"自动"按钮，如图14-23所示，即可自动调节手机视频白平衡。

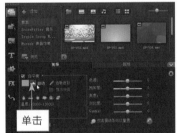

图14-22　单击"色彩校正"按钮　　　图14-23　单击"自动"按钮

实例215　自定义手机视频画面色温

在会声会影X10中，自定义手机视频画面的色温，可以获得用户需要的视频画面效果。下面介绍自定义手机视频画面色温的操作方法。

扫描前言二维码获取文件资源	素材文件	无
	效果文件	效果\第14章\桂林山水5.VSP
	视频文件	视频\第14章实例215　自定义手机视频画面色温.mp4

步骤 01 打开上一例中的效果文件,在"视频"选项面板中单击"色彩校正"按钮,如图14-24所示。

步骤 02 执行操作后,即进入相应面板,选中"白平衡"复选框,在"温度"下方的数值框中输入6300,如图14-25所示,即可自定义手机视频画面色温。

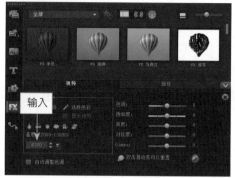

图14-24 单击"色彩校正"按钮 　　　　　　图14-25 输入6300

实例216 调节手机视频画面的色调

在会声会影X10中,调节手机视频画面的色调可以使画面具有风格化的效果。下面介绍调节手机视频画面色调的操作方法。

扫描前言二维码获取文件资源	素材文件	无
	效果文件	效果\第14章\桂林山水6.VSP
	视频文件	视频\第14章\实例216 调节手机视频画面的色调.mp4

步骤 01 打开上一例中的效果文件,在"视频"选项面板中单击"色彩校正"按钮,拖曳"色调"右侧的滑块,直至参数显示为-5的位置,即可调节手机视频画面的色调,如图14-26所示。

步骤 02 单击导览面板中的"播放"按钮,即可预览画面效果,如图14-27所示。

图14-26 拖曳"色调"右侧的滑块 　　　　　　图14-27 预览画面效果

实例217　处理视频画面过暗的问题

在会声会影X10中，画面亮度问题会严重影响画面质量，通过调节亮度可以处理视频画面过暗的问题。下面介绍处理视频画面过暗问题的操作方法。

扫描前言二维码获取文件资源	素材文件	无
	效果文件	效果\第14章\桂林山水7.VSP
	视频文件	视频\第14章\实例217　处理视频画面过暗的问题.mp4

🔍**步骤 01**　打开上一例中的效果文件，在"视频"选项面板中单击"色彩校正"按钮，拖曳"亮度"右侧的滑块，直至参数显示为20的位置，如图14-28所示，即可处理视频画面过暗的问题。

🔍**步骤 02**　单击导览面板中的"播放"按钮，在预览窗口中预览画面效果，如图14-29所示。

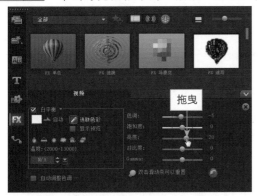

图14-28　拖曳"亮度"右侧的滑块

图14-29　预览画面效果

实例218　处理画面饱和度过低的问题

在会声会影X10中，提高画面饱和度，可以使画面的色彩更丰富，更有吸引力。下面介绍处理视频画面饱和度过低问题的操作方法。

扫描前言二维码获取文件资源	素材文件	无
	效果文件	效果\第14章\桂林山水8.VSP
	视频文件	视频\第14章\实例218　处理画面饱和度过低的问题.mp4

🔍**步骤 01**　打开上一例中的效果文件，在"视频"选项面板中单击"色彩校正"按钮，拖曳"饱和度"右侧的滑块至8的位置，如图14-30所示。

🔍**步骤 02**　单击导览面板中的"播放"按钮，在预览窗口中可以预览制作的画面效果，如图14-31所示。

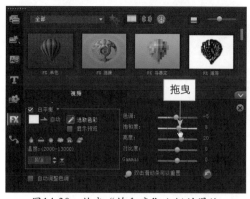

图14-30 拖曳"饱和度"右侧的滑块

图14-31 预览画面效果

实例219 处理视频画面不清晰的问题

在会声会影X10中,如果视频画面不够清晰,可以使用"锐利化"滤镜对画面进行锐化处理,从而使视频画面更加清晰。下面介绍处理视频画面不清晰问题的操作方法。

扫描前言二维码 获取文件资源	素材文件	无
	效果文件	效果\第14章\桂林山水9.VSP
	视频文件	视频\第14章\实例219 处理视频画面不清晰的问题.mp4

🔍**步骤 01** 打开上一例中的效果文件,切换至"滤镜"选项卡,单击窗口上方的"画廊"按钮,在弹出的下拉列表中选择"NewBlue 视频精选 I"选项,打开"NewBlue视频精选 I"素材库,在其中选择"锐利化"滤镜,如图14-32所示,按住鼠标左键将其拖曳至视频轨中的视频素材上方,添加"锐利化"滤镜。

🔍**步骤 02** 选择视频素材,在"属性"选项面板中单击"自定义滤镜"按钮,弹出"NewBlue 锐利化"对话框,在对话框上方取消选中"使用关键帧"复选框,在下方选择"轻柔"预设锐利化效果,然后单击"确定"按钮,如图14-33所示,即可对视频进行锐化,完成处理视频画面不清晰的问题。

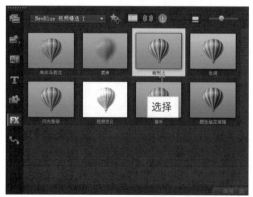

图14-32 选择"锐利化"滤镜

图14-33 单击"确定"按钮

实例220　处理视频画面噪点过高的问题

在手机视频拍摄的过程中，如果光线不好，很容易出现噪点过高的情况。在会声会影X10中，用户可以针对这种情况对视频画面进行降噪处理。下面介绍处理视频画面噪点过高问题的操作方法。

扫描前言二维码 获取文件资源	素材文件	无
	效果文件	效果\第14章\桂林山水10.VSP
	视频文件	视频\第14章\实例220　处理视频画面噪点过高的问题.mp4

步骤 01 打开上一例中的效果文件，切换至"滤镜"选项卡，单击窗口上方的"画廊"按钮，在弹出的下拉列表中选择"NewBlue 视频精选 II"选项，在其中选择"降噪"滤镜，如图14-34所示，按住鼠标左键将其拖曳至视频轨中的视频素材上方，添加"降噪"滤镜。

步骤 02 选择视频素材，在"属性"选项面板中单击"自定义滤镜"按钮，弹出"NewBlue 降噪"对话框，在对话框上方取消选中"使用关键帧"复选框，在"减少"数值框中输入10.0，然后单击"确定"按钮，如图14-35所示，即可对视频进行降噪处理，完成处理视频画面噪点过高的问题。

图14-34　选择"降噪"滤镜

图14-35　单击"确定"按钮

实例221　处理画面摇动的视频文件

在手机视频拍摄的过程中，如果手持不稳，极其容易出现画面摇动的情况，使用"抵消摇动"滤镜可以解决画面摇动的问题。下面介绍处理画面摇动视频的操作方法。

扫描前言二维码 获取文件资源	素材文件	无
	效果文件	效果\第14章\桂林山水11.VSP
	视频文件	视频\第14章\实例221　处理画面摇动的视频文件.mp4

步骤 01　打开上一例中的效果文件，切换至"滤镜"选项卡，单击窗口上方的"画廊"按钮，在弹出的下拉列表中选择"调整"选项，在其中选择"抵消摇动"滤镜，如图14-36所示，按住鼠标左键将其拖曳至视频轨中的视频素材上方，添加"抵消摇动"滤镜。

步骤 02　选择视频素材，在"属性"选项面板中单击"自定义滤镜"按钮，如图14-37所示。

图14-36　选择"抵消摇动"滤镜　　　　　图14-37　单击"确定"按钮

步骤 03　弹出"抵消摇动"对话框，选择结尾处的关键帧，在"程度"数值框中输入10，单击"确定"按钮，即可完成处理摇动视频画面的操作。

图14-38　单击"确定"按钮

实例222　输出手机视频为MOV格式

MOV格式是美国Apple公司所开发的，苹果手机所拍摄的视频都为MOV格式，MOV格式即使采用有损压缩，也可以较好地保存画面细节。下面介绍输出手机视频为MOV格式的操作方法。

扫描前言二维码获取文件资源	素材文件	无
	效果文件	效果\第14章\桂林山水.MOV
	视频文件	视频\第14章\实例222　输出手机视频为MOV格式.mp4

步骤 01　打开上一例中的效果文件，单击"共享"标签，切换至"共享"步骤面板，在上方面板中选择MOV选项，是指输出MOV视频格式，如图14-39所示。单击"文件位置"右侧的"浏览"按钮，弹出"浏览"对话框，在其中设置视频文件的输出名称与输出位置，单击"保存"按钮，返回会声会影编辑器。

步骤 02　单击"开始"按钮，开始渲染视频，并显示渲染进度，如图14-40所示，稍等片刻，待视频文件输出完成后，弹出信息提示框，提示用户视频文件建立成功，单击"确定"按钮，完成指定影片输出范围的操作，在视频素材库中查看输出的视频文件。

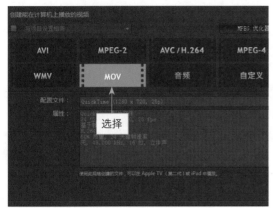

图14-39　选择MOV选项

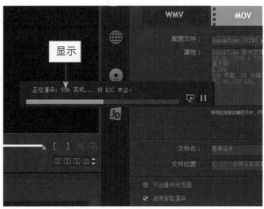

图14-40　显示渲染进度

第15章

延时摄影——《落日黄昏》

学习提示

很多时候，用户所拍摄的视频会有时间太长、画质不够美观等瑕疵，使用会声会影X10可以在后期对视频进行调速延迟、色调处理，使画面更具视觉冲击力。本章主要向读者介绍对有瑕疵的视频进行后期处理的操作方法。

 CLEAR SUBMIT

本章重点导航

 CLEAR SUBMIT

15.1　实例分析

　　会声会影的神奇，不仅在于视频转场和滤镜的套用，而是巧妙地将这些功能组合运用。用户根据自己的需要，可以将相同的素材打造出不同的效果，为视频赋予新的生命，也可以使其具有珍藏价值。下面先预览处理的视频画面效果，并掌握技术点睛等内容。

15.1.1　实例效果欣赏

　　本实例介绍制作延时摄影——《落日黄昏》，效果如图15-1所示。

图15-1　《落日黄昏》视频效果

15.1.2　实例技术点睛

　　首先进入会声会影编辑器，在媒体库中导入相应的视频媒体素材，为视频制作片头，将《落日黄昏》视频文件导入视频轨中，调整视频延时速度、添加滤镜效果，然后制作视频片尾，在标题轨中为视频添加标题字幕，最后为视频添加背景音乐输出为视频文件。

15.2　制作视频效果

　　本节主要介绍《落日黄昏》视频文件的制作过程，如导入视频媒体素材、对视频进行调速延时、添加滤镜、制作视频转场效果、制作覆叠效果以及制作标题字幕动画等内容。

15.2.1 导入延时摄影视频素材

在制作视频效果之前,首先需要导入相应的视频媒体素材,导入后才能对媒体素材进行相应编辑。下面介绍导入延时摄影视频素材的操作方法。

扫描前言二维码 获取文件资源	素材文件	素材\第15章文件夹
	效果文件	无
	视频文件	视频\第15章\15.2.1 导入延时摄影视频素材.mp4

步骤 01 在界面右上角单击"媒体"按钮 ，切换至"媒体"素材库,单击库导航面板上方的"添加"按钮,新增一个"文件夹"选项,在右侧的空白位置单击鼠标右键,在弹出的快捷菜单中选择"插入媒体文件"命令,如图15-2所示。

步骤 02 执行操作后,弹出"浏览媒体文件"对话框,在其中选择需要导入的媒体素材,单击"打开"按钮,即可将素材导入"文件夹"选项卡中,如图15-3所示,在其中用户可查看导入的素材文件。

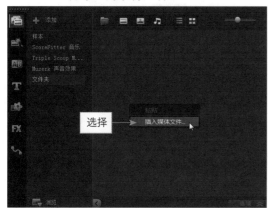

图15-2 选择"插入媒体文件"命令

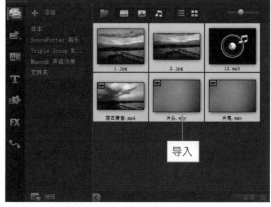

图15-3 导入媒体文件

15.2.2 制作视频片头特效

将素材导入"媒体"素材库的"文件夹"选项卡中后,接下来用户可以为视频制作片头动画效果,增添影片的观赏性。下面介绍制作《落日黄昏》视频片头特效的操作方法。

扫描前言二维码 获取文件资源	素材文件	无
	效果文件	无
	视频文件	视频\第15章\15.2.2 制作视频片头特效.mp4

步骤 01 在"文件夹"选项卡中将"片头.wmv"视频素材添加到视频轨中,并设置素材区间为0:00:07:00,将1.jpg素材添加至覆叠轨中00:00:03:00的位置,打开"编辑"选项面板,

在其中选中"应用摇动和缩放效果"复选框，单击"自定义"按钮，在弹出的"摇动和缩放"对话框中设置开始和结束动画参数，如图15-4所示。

步骤 02 在预览窗口中调整素材的大小和位置，如图15-5所示。打开"属性"选项面板，在其中单击"淡入动画效果"按钮，单击导览面板中的"播放"按钮，即可预览制作的视频片头效果。

图15-4 设置结束动画参数

图15-5 调整素材的大小和位置

15.2.3 制作延时摄影视频效果

在会声会影X10中，完成视频的片头制作后，用户需要对导入的视频进行调速剪辑、滤镜添加等操作，从而使视频画面具有特殊的效果。

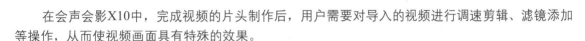

扫描前言二维码 获取文件资源	素材文件	无
	效果文件	无
	视频文件	视频\第15章\15.2.3 制作延时摄影视频效果.mp4

步骤 01 在"文件夹"选项卡中将"落日黄昏.mp4"视频素材添加到视频轨中00:00:07:00的位置，在"片头.wmv"视频与"落日黄昏.mp4"视频之间添加"淡化到黑色"转场效果，如图15-6所示。

步骤 02 选择"落日黄昏.mp4"视频，打开"视频"选项面板，在其中单击"速度/时间流逝"按钮，弹出"速度/时间流逝"对话框，在其中设置"新素材区间"为0:0:9:23，设置完成后，单击"确定"按钮，如图15-7所示，在预览窗口可以查看调速后的视频效果。

图15-6 添加"淡化到黑色"转场效果

图15-7 单击"确定"按钮

切换至"滤镜"选项卡，打开"NewBlue视频精选Ⅰ"素材库，在其中选择"色调"滤镜效果，按住鼠标左键将其拖曳至"落日黄昏.mp4"视频素材上，在"属性"选项面板中单击"自定义滤镜"按钮，弹出"NewBlue色调"对话框，将鼠标指针移至开始位置，设置"颜色"为第1行第1个颜色、"色调"为25.4、"饱和度"为64、"亮度"为-4.7、"影片Gamma值"为48.8，如图15-8所示，将鼠标指针移至中间位置，设置以上相应参数。

步骤 04
将鼠标指针移至结尾位置，设置"颜色"为第3行第2个颜色、"色调"为11、"饱和度"为64、"亮度"为-4.7、"影片Gamma值"为48，如图15-9所示。设置完成后，单击"确定"按钮，即可完成"色调"滤镜效果的制作，在预览窗口中可预览制作的延时摄影视频效果。

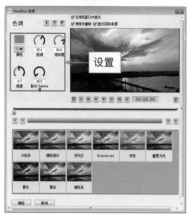
图15-8 设置相应参数1

图15-9 设置相应参数2

15.2.4 制作视频片尾特效

在完成视频内容剪辑之后，用户可以在会声会影中为视频添加片尾特效，添加片尾特效可以使视频效果更加完整。

扫描前言二维码 获取文件资源	素材文件	无
	效果文件	无
	视频文件	视频\第15章\15.2.4 制作视频片尾特效.mp4

步骤 01
在"文件夹"选项卡中选择"片尾.wmv"视频素材并添加到视频轨中00:00:15:23的位置，在"落日黄昏.mp4"视频与"片尾.wmv"视频之间添加"淡化到黑色"转场效果，使用同样的方法在"片尾.wmv"视频后面添加"淡化到黑色"转场效果，如图15-10所示。

步骤 02
在覆叠轨中将2.jpg素材添加至00:00:15:24的位置，打开"编辑"选项面板，在其中选中"应用摇动和缩放效果"复选框，单击"自定义"按钮，在弹出的"摇动和缩放"对话框中设置开始和结束动画参数，如图15-11所示。

步骤 03
切换至"属性"选项面板，单击"遮罩和色度键"按钮，进入相应选项面板，选中"应用覆叠选项"复选框，设置"类型"为"遮罩帧"，然后在右侧选择相应的遮罩样式，如图15-12所示，在预览窗口中调整素材大小和位置。

步骤 04
执行操作后，在预览窗口中可以预览制作的视频片尾特效，如图15-13所示。

图15-10 添加"淡化到黑色"转场

图15-11 设置相应参数

图15-12 选择相应的遮罩样式

图15-13 预览制作的视频片尾特效

15.2.5 添加《落日黄昏》字幕

在会声会影X10中，用户可以为制作的《落日黄昏》视频画面添加字幕，可以简明扼要地对视频进行说明。下面介绍添加《落日黄昏》字幕的操作方法。

扫描前言二维码 获取文件资源	素材文件	无
	效果文件	无
	视频文件	视频\第15章\15.2.5 添加《落日黄昏》字幕.mp4

步骤 01 将时间线移至素材的开始位置，切换至"标题"素材库，在预览窗口中双击鼠标左键，在文本框中输入内容为"风•云"，在"编辑"选项面板中单击"将方向更改为垂直"按钮，设置"区间"为00:00:06:00、"字体"为"叶根友毛笔行书2.0版"、"色彩"为黄色、"字体大小"为60，如图15-14所示。

步骤 02 单击"边框/阴影/透明度"按钮，弹出"边框/阴影/透明度"对话框，设置"边框宽度"为2.0、"线条色彩"为红色，切换至"阴影"选项卡，在其中单击"突起阴影"按钮，并设置X为5.0、Y为5.0、"突起阴影色彩"为黑色，设置完成后，单击"确定"按钮，如图15-15所示。

步骤 03 选择预览窗口中的标题字幕并调整至合适位置，切换至"属性"选项面板，选中"动画"单选按钮和"应用"复选框，单击"选取动画类型"下拉按钮，在弹出的列表框中选择"飞行"选项，在下方的列表框中选择第1行第3个飞行动画样式，在导览面板中调整字幕的暂停区间，如图15-16所示。

步骤 04 在标题轨中选择并复制字幕文件至00:00:07:00的位置，在预览窗口中更改字幕内容为

"风云涌动",在"编辑"选项面板中单击"将方向更改为垂直"按钮,设置"区间"为00:00:03:24,在预览窗口中选择并调整字幕的位置,在"属性"选项面板中设置"选取动画类型"为"淡化",在下方的列表框中选择第1行第2个淡化样式,在预览窗口中可以查看制作的字幕效果,如图15-17所示。

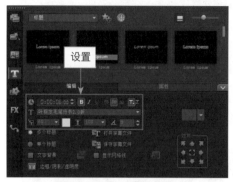

图15-14　设置字幕参数

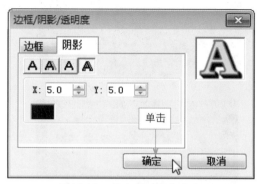

图15-15　单击"确定"按钮

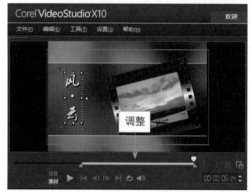

图15-16　调整字幕的暂停区间

图15-17　查看制作的字幕效果

步骤 05 用与上相同方法,在标题轨中的其他位置输入相应的字幕文字,并设置字幕属性、区间、动画效果等,单击导览面板中的"播放"按钮,即可预览视频中的标题字幕动画效果,如图15-18所示。

图15-18　预览视频中的标题字幕动画效果

15.3 视频后期处理

通过影片的后期处理，可以为影片添加各种音乐及特效，并输出视频文件，使影片更具珍藏价值。本节主要介绍制作视频的背景音乐特效和输出《落日黄昏》视频的操作方法。

扫描前言二维码获取文件资源	素材文件	无
	效果文件	效果\第15章\《落日黄昏》.mpg
	视频文件	视频\第15章\15.3　视频后期处理.mp4

步骤 01 将时间线移至素材的开始位置，在"文件夹"选项卡中选择12.mp3音频素材并添加到音乐轨中，在"音乐和声音"选项面板中设置素材区间为00:00:19:23，单击"淡入"和"淡出"按钮，即可为背景音乐添加淡入淡出效果，如图15-19所示。

步骤 02 切换至"共享"步骤面板，在其中选择MPEG-2选项，在"配置文件"右侧的下拉列表中选择第2个选项，在下方面板中设置"文件名"和"文件位置"，设置完成后，单击"开始"按钮，如图15-20所示，渲染输出视频文件。

图15-19　单击相应按钮

图15-20　单击"开始"按钮

机摄影构图大

200种构图解密+200张

第16章

电商视频——《手机摄影》

学习提示

所谓电商产品视频，是指在各大网络电商贸易平台如淘宝网、当当网、亚马逊、京东网上投放的，对商品、品牌进行宣传的视频。本章主要向读者介绍制作电商产品视频的方法，包括导入视频文件、制作视频背景与片头特效、制作画中画覆叠特效、制作字幕特效以及渲染输出影片文件等内容。

十足，洞悉手机相机的

🗑 CLEAR　　⬆ SUBMIT

感谢关注

本章重点导航

- 16.1.1 实例效果欣赏　　16.2.3 制作画中画宣传特效
- 16.1.2 实例技术点睛　　16.2.4 制作广告字幕特效
- 16.2.1 导入电商视频素材　　16.3.1 制作视频背景音效
- 16.2.2 制作背景及片头特效　　16.3.2 渲染输出电商视频

🗑 CLEAR　　⬆ SUBMIT

16.1　实例分析

在制作《手机摄影》电商宣传视频效果之前，首先预览项目效果，并掌握项目技术提炼等内容，希望读者学完以后可以举一反三，制作出更多精彩漂亮的视频短片作品。

16.1.1 实例效果欣赏

本实例介绍制作电商视频——《手机摄影》，效果如图16-1所示。

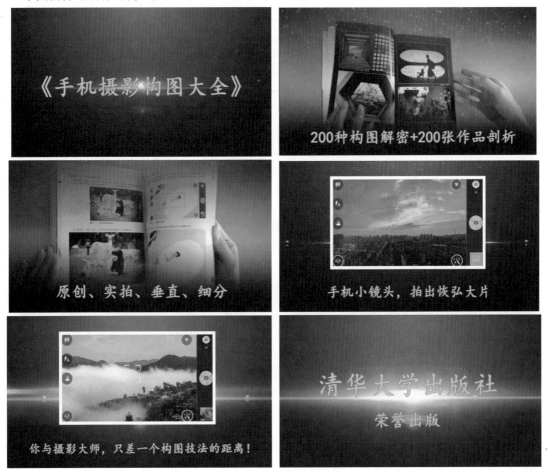

图16-1　《手机摄影》视频效果

16.1.2 实例技术点睛

用户首先需要将电商视频的素材导入素材库中，然后添加背景视频至视频轨中，将照片添加至覆叠轨中，为覆叠素材添加动画效果，然后添加字幕、音乐文件。

16.2 制作视频效果

本节主要介绍《手机摄影》视频文件的制作过程,包括导入电商宣传视频素材、制作视频覆叠画中画动作效果、制作视频字幕效果等内容。

16.2.1 导入电商视频素材

在编辑电商宣传视频之前,首先需要导入媒体素材文件。下面以通过"插入媒体文件"命令为例,介绍导入电商宣传视频素材的操作方法。

扫描前言二维码 获取文件资源	素材文件	素材\第16章文件夹
	效果文件	无
	视频文件	视频\第16章\16.2.1 导入电商视频素材.mp4

步骤 01 切换至"媒体"素材库,单击库导航面板上方的"添加"按钮,新增一个"文件夹"选项,在右侧的空白位置单击鼠标右键,在弹出的快捷菜单中选择"插入媒体文件"命令,如图16-2所示。

步骤 02 执行操作后,弹出"浏览媒体文件"对话框,在其中选择需要导入的媒体素材,单击"打开"按钮,即可将素材导入"文件夹"选项卡中,如图16-3所示。

图16-2 选择"插入媒体文件"命令

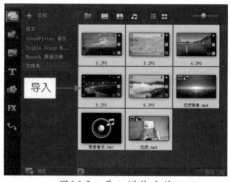

图16-3 导入媒体文件

16.2.2 制作背景及片头特效

将电商宣传素材导入"媒体"素材库的"文件夹"选项卡中后,接下来用户可以将视频文件添加至视频轨中,制作电商宣传视频背景及片头动画效果。

扫描前言二维码 获取文件资源	素材文件	无
	效果文件	无
	视频文件	视频\第16章\16.2.2 制作背景及片头特效.mp4

步骤 01 在"文件夹"选项卡中将"视频背景.mp4"添加到视频轨中，如图16-4所示。

步骤 02 在素材库中选择"视频.mp4"素材，并将其添加至覆叠轨中00:00:05:08的位置，在预览窗口中调整覆叠素材至屏幕大小，展开"属性"选项面板，单击"遮罩和色度键"按钮，进入相应选项面板，选中"应用覆叠选项"复选框，设置"类型"为"遮罩帧"，然后在右侧选择相应的遮罩样式，如图16-5所示，完成覆叠特效的制作。

图16-4 添加"视频背景.mp4"

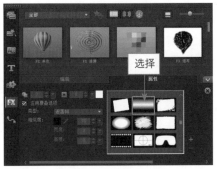

图16-5 应用覆叠选项

步骤 03 将时间线移至00:00:01:10的位置，切换至"标题"素材库，在预览窗口中的适当位置进行双击操作，为视频添加片头字幕"《手机摄影构图大全》"，在"编辑"选项面板中设置区间为0:00:00:24，设置"字体"为"楷体"、"字体大小"为65，单击"色彩"色块，选择第1行倒数第2个颜色，如图16-6所示。

步骤 04 进入"属性"选项面板，选中"动画"单选按钮和"应用"复选框，设置"选取动画类型"为"淡化"，在下方的列表框中选择第1行第2个预设样式，如图16-7所示。

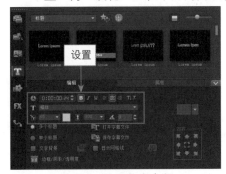

图16-6 设置相应参数

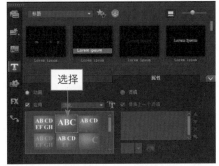

图16-7 选择相应预设样式

步骤 05 选择并复制添加的标题字幕，将其粘贴至标题轨中的适当位置，在"编辑"选项面板中设置"区间"为0:00:02:24，在"属性"选项面板中取消选中"应用"复选框，即可完成第二段字幕文件的制作。用与上同样的方法，在标题轨中的适当位置继续添加相应的字幕文件，时间轴面板如图16-8所示，在预览窗口中可以预览制作的片头特效。

图16-8 添加相应的字幕文件

16.2.3 制作画中画宣传特效

在会声会影X10中，用户可以在覆叠轨中添加多个覆叠素材，制作视频的画中画特效，还可以为覆叠素材添加边框效果，使视频画面更加丰富多彩。本节主要向读者介绍制作画面覆叠特效的操作方法。

扫描前言二维码 获取文件资源	素材文件	无
	效果文件	无
	视频文件	视频\第16章\16.2.3　制作画中画宣传特效.mp4

步骤 01 在素材库中选择2.jpg图像素材，将其添加至覆叠轨中00:00:23:24的位置，在"编辑"选项面板中设置"区间"为00:00:04:00，时间轴面板如图16-9所示。

步骤 02 切换至"属性"选项面板，选中"基本动作"单选按钮，单击"从左上方进入"按钮，为素材添加动作效果，单击"遮罩和色度键"按钮，在其中设置"边框"为2、"边框颜色"为白色，在预览窗口中可以调整素材的大小和位置，如图16-10所示。

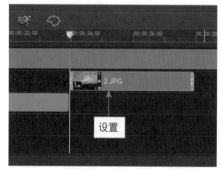

图16-9　设置素材区间 　　　　　　　　　　图16-10　调整素材的大小和位置

步骤 03 用与上同样的方法，在覆叠轨中的其他位置添加相应的覆叠素材，并为覆叠素材添加边框与动作特效，单击"播放"按钮，预览覆叠画中画效果，如图16-11所示。

图16-11　预览覆叠画中画效果

16.2.4 制作广告字幕特效

在会声会影X10中，单击"标题"按钮，切换至"标题"素材库，在其中用户可根据需要输入并编辑多个标题字幕。

扫描前言二维码获取文件资源	素材文件	无
	效果文件	无
	视频文件	视频\第16章\16.2.4　制作广告字幕特效.mp4

步骤 01 在标题轨中复制前面实例中制作的片头字幕文件，将字幕复制到标题轨中的适当位置，根据需要更改字幕的内容，并设置字幕属性、区间、动画效果等，标题轨中的字幕文件如图16-12所示。

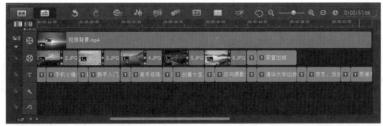

图16-12　标题轨中的字幕文件

步骤 02 单击导览面板中的"播放"按钮，预览制作的字幕特效，如图16-13所示。

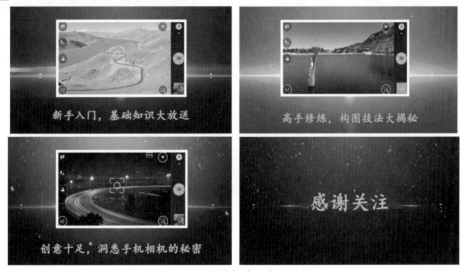

图16-13　预览制作的字幕特效

16.3 视频后期处理

当用户对视频编辑完成后，接下来可以对视频进行后期编辑处理，主要包括在影片中添加音频素材以及渲染输出影片文件。

16.3.1 制作视频背景音效

在会声会影X10中，为视频添加配乐，可以增加视频的感染力。下面介绍制作视频背景音乐的操作方法。

扫描前言二维码获取文件资源	素材文件	无
	效果文件	无
	视频文件	视频\第16章\16.3.1 制作视频背景音效.mp4

步骤 01 在时间轴面板中将时间线移至开始位置,在"文件夹"选项卡中选择"背景音乐.wav"音频素材并添加到音乐轨中,如图16-14所示。

步骤 02 在"音乐和声音"选项面板中设置素材区间为00:00:57:08,单击"淡入"按钮和"淡出"按钮,设置背景音乐的淡入和淡出特效,如图16-15所示。

图16-14 添加到音乐轨中　　　　图16-15 单击"淡入"按钮和"淡出"按钮

16.3.2 渲染输出电商视频

创建并保存视频文件后,用户即可对其进行渲染输出,渲染完成后可以将视频分享至各种新媒体平台。下面介绍输出与分享媒体视频文件的操作方法。

扫描前言二维码获取文件资源	素材文件	无
	效果文件	效果\第16章\电商视频——《手机摄影》.mpg
	视频文件	视频\第16章\16.3.2 渲染输出电商视频.mp4

步骤 01 切换至"共享"步骤面板,在其中选择MPEG-2选项,在"配置文件"下拉列表中选择第2个选项,如图16-16所示。

步骤 02 在下方面板中设置"文件名"和"文件位置",设置完成后,单击"开始"按钮,即可开始渲染视频文件,并显示渲染进度,如图16-17所示,渲染完成后,切换至"编辑"步骤面板,在素材库中可以查看输出的视频文件。

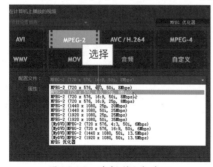
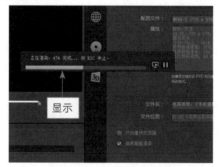

图16-16 选择第2个选项　　　　图16-17 显示渲染进度

第17章

情景电影——《爱的缘分》

学习提示

　　爱情对每个人来说都是难以忘怀的情感，而爱的缘分就更加奇妙又令人向往。想要通过影片记录下这些美好的时刻，除了必要的拍摄技巧外，视频画面的后期处理也很重要。本章主要向读者介绍《爱的缘分》微电影的制作方法，希望读者学习以后，可以制作出属于你自己的关于爱情的视频。

🗑 CLEAR　　⬆ SUBMIT

本章重点导航

- 17.1.1 实例效果欣赏 　　17.2.4 制作情景覆叠遮罩特效
- 17.1.2 实例技术点睛 　　17.2.5 制作情景视频字幕特效
- 17.2.1 导入情景媒体素材 　　17.3.1 制作视频背景音效
- 17.2.2 制作丰富的背景动画 　　17.3.2 渲染输出情景视频
- 17.2.3 制作情景视频片头特效

🗑 CLEAR　　⬆ SUBMIT

17.1 实例分析

会声会影可以将拍摄的关于爱情的照片与视频巧妙组合，制作属于自己的《爱的缘分》微电影，作为回忆或是爱的见证。通过遮罩、覆叠、字幕等功能，制作有吸引力的视频画面。

◀ 17.1.1 ║ 实例效果欣赏 ▶

本实例介绍制作情景电影——《爱的缘分》，效果如图17-1所示。

图17-1 《爱的缘分》视频效果

◀ 17.1.2 ║ 实例技术点睛 ▶

首先进入会声会影X10编辑器，在视频轨中添加需要的情景电影素材，在视频素材之间制作过渡转场特效，制作视频片头文字动画，并为视频制作覆叠画中画特效，然后根据影片的需要制作片尾字幕特效，最后添加音频特效，并将影片渲染输出。

17.2 制作视频效果

本节主要介绍《爱的缘分》视频文件的制作过程，如导入情景媒体素材、制作情景视频背景画面、制作情景视频片头特效、制作情景覆叠遮罩特效、制作视频片尾字幕特效等内容。

17.2.1 导入情景媒体素材

在编辑情景素材之前，首先需要导入情景媒体素材。下面以通过"插入媒体文件"命令为例，介绍导入情景媒体素材的操作方法。

扫描前言二维码 获取文件资源	素材文件	素材\第17章文件夹
	效果文件	无
	视频文件	视频\第17章\17.2.1 导入情景媒体素材.mp4

🔍**步骤 01** 进入会声会影编辑器，在"媒体"素材库中新建一个"文件夹"素材库，在右侧的空白位置单击鼠标右键，在弹出的快捷菜单中选择"插入媒体文件"命令，如图17-2所示。

🔍**步骤 02** 弹出"浏览媒体文件"对话框，在其中选择需要插入的情景媒体素材文件，单击"打开"按钮，即可将素材导入"文件夹"选项卡中，如图17-3所示，在其中用户可查看导入的素材文件。

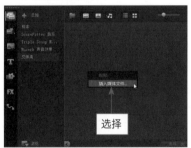

图17-2 选择"插入媒体文件"命令

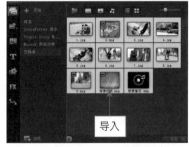

图17-3 将素材导入"文件夹"选项卡中

17.2.2 制作丰富的背景动画

将情景素材导入"媒体"素材库的"文件夹"选项卡中后，接下来用户可以将视频文件添加至视频轨中，制作情景背景视频画面效果。

扫描前言二维码 获取文件资源	素材文件	无
	效果文件	无
	视频文件	视频\第17章\17.2.2 制作丰富的背景动画.mp4

🔍**步骤 01** 在"文件夹"选项卡中选择"背景视频"视频素材，按住鼠标左键将其拖曳至故事板中，如图17-4所示。切换至时间轴视图，单击"转场"按钮，切换至"转场"素材库。

🔍**步骤** 02 在视频素材后面添加"淡化到黑色"转场效果,如图17-5所示。

图17-4 添加视频素材

图17-5 添加"淡化到黑色"转场效果

◀ 17.2.3 ▌ 制作情景视频片头特效 ▶

在会声会影X10中,可以为情景视频文件添加片头动画效果,增添影片的观赏性。下面向读者介绍制作情景视频片头动画特效的操作方法。

扫描前言二维码 获取文件资源	素材文件	无
	效果文件	无
	视频文件	视频\第17章\17.2.3 制作情景视频片头特效.mp4

🔍**步骤** 01 将时间线移至00:00:00:13的位置,在覆叠轨中添加1.jpg图像素材,并设置素材的"区间"为00:00:04:00,在预览窗口中调整覆叠素材至屏幕大小,在"编辑"选项面板中选中"应用摇动和缩放"复选框,在下方的下拉列表中选择第2行第1个摇动样式,在"属性"选项面板中单击"淡入动画效果"按钮,设置覆叠素材的淡入动画效果,然后为覆叠素材设置相应的遮罩帧样式,如图17-6所示。

🔍**步骤** 02 将时间线移至00:00:00:13的位置,切换至"标题"素材库,在预览窗口中的适当位置输入文本"《爱的缘分》",在"编辑"选项面板中设置字幕"区间"为00:00:04:00、"字体"为"叶根友毛笔行书2.0版"、"字体大小"为100、"色彩"为绿色,单击"边框/阴影/透明度"按钮,在弹出的对话框中选中"外部边界"复选框,在下方设置"边框宽度"为5.0、"线条色彩"为黑色,切换至"阴影"选项卡,单击"突起阴影"按钮,在下方设置X和Y值均为5.0、"突起阴影色彩"为黑色,单击"确定"按钮,如图17-7所示。

图17-6 设置相应的遮罩帧样式

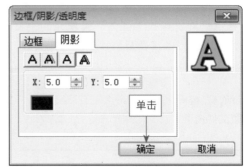

图17-7 设置相应属性

步骤 **03** 切换至"属性"选项面板，选中"动画"单选按钮和"应用"复选框，设置"选取动画类型"为"摇摆"，在下方选择第2行第1个动画样式，如图17-8所示。

步骤 **04** 单击导览面板中的"播放"按钮，即可预览制作的片头效果，如图17-9所示。

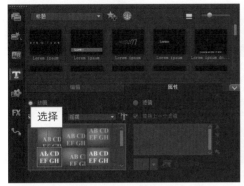

图17-8　选择相应的动画样式　　　　　　　图17-9　预览片头效果

17.2.4 制作情景覆叠遮罩特效

在会声会影X10中，用户可以在覆叠轨中添加多个覆叠素材，制作视频的画中画特效，还可以为覆叠素材添加各种遮罩样式，使视频画面更加丰富多彩。本节主要向读者介绍制作情景覆叠遮罩特效的操作方法。

扫描前言二维码获取文件资源	素材文件	无
	效果文件	无
	视频文件	视频\第17章\17.2.4　制作情景覆叠遮罩特效.mp4

步骤 **01** 将2.mpg视频素材添加至覆叠轨中00:00:04:13的位置，在预览窗口中调整覆叠素材至屏幕大小，如图17-10所示。

步骤 **02** 在"属性"选项面板中单击"遮罩和色度键"按钮，选中"应用覆叠选项"复选框，设置"类型"为"遮罩帧"，选择相应的预设遮罩样式，如图17-11所示，在预览窗口中可以预览覆叠遮罩效果。

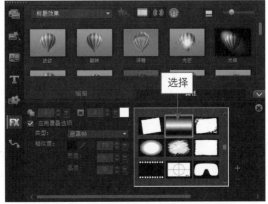

图17-10　调整素材至屏幕大小　　　　　　图17-11　选择相应的预设遮罩样式

步骤 03 参照上述同样的方法,将3.jpg至8.jpg、9.mpg素材依次添加至覆叠轨中,并设置3.jpg至8.jpg的素材"区间"为0:00:04:00,在预览窗口中调整覆叠素材的大小,为素材添加摇动和缩放效果及遮罩样式,单击"转场"按钮,在9.mpg素材的后面添加"淡化到黑色"转场效果,在导览面板中单击"播放"按钮,即可预览制作的覆叠遮罩效果,如图17-12所示。

图17-12 预览制作的覆叠遮罩效果

17.2.5 制作情景视频字幕特效

在会声会影X10中,为情景视频制作字幕动画效果,可以对每一个画面进行描述,真正为画面赋予内容。下面介绍制作视频字幕特效的操作方法。

扫描前言二维码 获取文件资源	素材文件	无
	效果文件	无
	视频文件	视频\第17章\17.2.5 制作情景视频字幕特效.mp4

步骤 01 在标题轨中复制前面实例中制作的片头字幕文件,将字幕复制到与覆叠素材时间相对的位置,并设置相应的字幕区间,根据需要更改字幕的内容,在"编辑"选项面板中更改字幕的"字体大小"为80,在预览窗口中预览字幕效果,如图17-13所示。

图17-13 预览字幕效果

步骤 02 选择最后一个字幕文件,在"编辑"选项面板中设置字幕"区间"为00:00:03:00,切换至"属性"选项面板,在导览面板中调整字幕暂停区间,如图17-14所示。

步骤 03 然后复制字幕文件,粘贴至标题轨中00:00:37:25的位置,在"属性"选项面板中选中"动画"单选按钮和"应用"复选框,设置"选取动画类型"为"淡化",在下方选择第2行第1个动画样式,如图17-15所示。

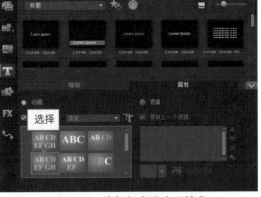

图17-14　调整字幕暂停区间　　　　　　　　　图17-15　选择相应的动画样式

步骤 04 单击"播放"按钮，在预览窗口中预览制作的字幕动画效果，如图17-16所示。

图17-16　预览制作的字幕动画效果

17.3 影片后期处理

通过后期处理，不仅可以对情景视频的原始素材进行合理编辑，而且可以为影片添加各种音乐及特效，使影片更具珍藏价值。本节主要介绍影片的后期编辑与输出，包括制作情景视频的音频特效和输出视频文件等内容。

◀ 17.3.1 制作视频背景音效 ▶

在会声会影X10中，为影片添加音频文件，在音频文件上应用淡入淡出效果，可以增加影片的吸引力。下面介绍制作情景视频的背景音乐特效的操作方法。

扫描前言二维码获取文件资源	素材文件	无
	效果文件	无
	视频文件	视频\第17章\17.3.1　制作视频背景音效.mp4

步骤 01 将时间线移至素材的开始位置，在音乐轨中添加一段音乐素材，如图17-17所示。

步骤 02 选择背景音乐素材，在"音乐和声音"选项面板中单击"淡入"按钮和"淡出"按钮，如图17-18所示，即可完成背景音乐的添加。

图17-17　添加一段音乐素材

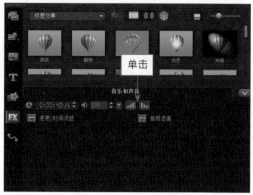
图17-18　单击"淡入"按钮和"淡出"按钮

17.3.2 渲染输出情景视频

创建并保存视频文件后，用户即可对其进行渲染。渲染时间是根据编辑项目的长短以及计算机配置的高低而略有不同。下面介绍输出情景视频文件的操作方法。

扫描前言二维码 获取文件资源	素材文件	无
	效果文件	效果\第17章\情景电影——《爱的缘分》.mpg
	视频文件	视频\第17章\17.3.2　渲染输出情景视频.mp4

🔍**步骤 01** 切换至"共享"步骤面板，在其中选择MPEG-2选项，在"配置文件"下拉列表中选择第3个选项，如图17-19所示。

🔍**步骤 02** 在下方面板中单击"文件位置"右侧的"浏览"按钮，弹出"浏览"对话框，在其中设置文件的保存位置和名称，单击"保存"按钮，返回会声会影"共享"步骤面板，单击"开始"按钮，开始渲染视频文件，并显示渲染进度，如图17-20所示，渲染完成后，即可完成影片文件的渲染输出。

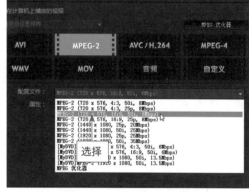
图17-19　选择MPEG-2选项

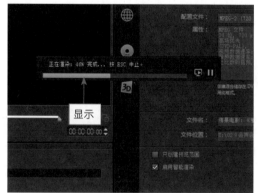
图17-20　显示渲染进度

瓦西里大教堂
位于莫斯科市中心的红场

科国家历史博物馆
莫斯科最具代表性的博物馆

第18章

旅游专题——《俄国之旅》

学习提示

　　俄罗斯位于欧亚大陆北部，地跨欧亚两大洲，是世界上面积最大的国家。俄罗斯旅游资源丰富，莫斯科的红场、克里姆林宫早已举世闻名。本章主要向读者介绍旅游专题——《俄国之旅》视频效果的制作方法，包括导入旅游素材、制作画面摇动效果、转场效果、滤镜效果以及字幕效果等内容。

🗑 CLEAR　　⬆ SUBMIT

彼得大帝夏宫
历代俄国沙皇的郊外

斯

一段魅力之旅!

本章重点导航

- 18.1.1 实例效果欣赏
- 18.1.2 实例技术点睛
- 18.2.1 导入旅游媒体素材
- 18.2.2 制作旅游视频画面
- 18.2.3 制作旅游转场特效

- 18.2.4 制作旅游片头特效
- 18.2.5 制作旅游字幕动画
- 18.3.1 制作视频背景音效
- 18.3.2 渲染输出旅游视频

🗑 CLEAR　　⬆ SUBMIT

18.1 实例分析

会声会影可以将拍摄的旅游照片巧妙地连接起来，制作出精彩、漂亮的旅游影像作品。制作《俄国之旅》视频效果前，首先预览项目效果，并掌握项目技术点睛等内容。

18.1.1 实例效果欣赏

本实例介绍制作旅游专题——《俄国之旅》，效果如图18-1所示。

图18-1 《俄国之旅》视频效果

18.1.2 实例技术点睛

首先进入会声会影X10编辑器，导入旅游媒体素材文件，然后制作画面的摇动效果、转场效果、覆叠效果以及字幕效果，在后期处理中为视频添加背景音乐，最后将视频进行输出操作。

18.2 制作视频效果

本节主要介绍《俄国之旅》视频文件的制作过程，包括导入旅游媒体素材、制作视频摇动效果、制作视频转场效果、制作视频覆叠效果、制作视频字幕效果等内容。

◀ 18.2.1 导入旅游媒体素材

使用会声会影X10制作实例效果前，需要将素材导入至素材库中。下面介绍导入视频、照片、音频等媒体素材的操作方法。

扫描前言二维码获取文件资源	素材文件	素材\第18章文件夹
	效果文件	无
	视频文件	视频\第18章\18.2.1　导入旅游媒体素材.mp4

🔍步骤 01　进入会声会影编辑器，在"媒体"素材库中新建一个"文件夹"素材库，在右侧的空白位置单击鼠标右键，在弹出的快捷菜单中选择"插入媒体文件"命令，如图18-2所示。

🔍步骤 02　执行操作后，弹出"浏览媒体文件"对话框，在其中选择需要导入的媒体素材，单击"打开"按钮，即可将素材导入"文件夹"素材库中，如图18-3所示，选择相应的旅游素材，在导览面板中可以预览导入的素材画面效果。

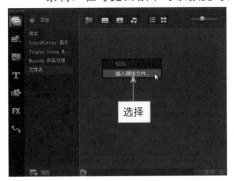

图18-2　选择"插入媒体文件"命令

图18-3　导入旅游媒体素材

◀ 18.2.2 制作旅游视频画面

在会声会影X10中，为视频制作摇动和缩放效果，可以让静态的照片动起来，让画面动感十足。下面介绍制作视频摇动效果的操作方法。

扫描前言二维码获取文件资源	素材文件	无
	效果文件	无
	视频文件	视频\第18章\18.2.2　制作旅游视频画面.mp4

🔍 **步骤 01**　在"文件夹"选项卡中选择"片头"视频素材并添加至视频轨中的开始位置，在"属性"选项面板中选中"变形素材"复选框，在预览窗口中单击鼠标右键，在弹出的快捷菜单中选择"调整到屏幕大小"命令，将素材调整到屏幕大小，如图18-4所示。

🔍 **步骤 02**　切换至"图形"选项卡，在"色彩"素材库中选择黑色色块，将其添加至视频轨中的"片头.wmv"后面，并设置"色彩区间"为00:00:05:20，然后将"媒体"素材库中的1.jpg至11.jpg照片素材添加至视频轨中黑色色块的后面，在视频轨中选择1.jpg照片素材，在照片素材上单击鼠标右键，在弹出的快捷菜单中选择"更改照片区间"命令，弹出"区间"对话框，在其中设置"区间"为0:0:5:0，单击"确定"按钮，如图18-5所示。

图18-4　将素材调整到屏幕大小　　　　　　图18-5　单击"确定"按钮

🔍 **步骤 03**　用与上相同的方法，设置素材2.jpg至10.jpg的区间为00:00:05:00，素材11.jpg的区间为00:00:07:00，在视频轨中选择1.jpg素材，打开"照片"选项面板，选中"摇动和缩放"单选按钮，单击下方的下拉按钮，在弹出的列表框中选择第1个预设动画样式，通过"自定义"功能调整素材的摇动和缩放属性，单击导览面板中的"播放"按钮，即可预览制作的摇动和缩放效果，如图18-6所示。

图18-6　预览制作的摇动和缩放效果

🔍 **步骤 04**　参照上述相同的方法，设置其他图像素材的摇动和缩放效果，并选择相应的预设动画样式，预览效果如图18-7所示。

图18-7　预览效果

18.2.3 制作旅游转场特效

为视频添加转场效果,可以使素材与素材之间的切换更加绚丽。下面介绍制作旅游视频转场效果的操作方法。

扫描前言二维码获取文件资源	素材文件	无
	效果文件	无
	视频文件	视频\第18章\18.2.3 制作旅游转场特效.mp4

步骤 01 单击"转场"按钮,切换至"转场"选项卡,打开"过滤"素材库,选择"淡化到黑色"转场,按住鼠标左键将其拖曳至视频轨中"片头.wmv"开始处。参照上述相同的方法,将"淡化到黑色"转场添加至"片头.wmv"与黑色色块之间、黑色色块与1.jpg之间、11.jpg素材结尾处,并在其他各素材之间添加相应的转场效果,故事板视图如图18-8所示。

图18-8 故事板视图

步骤 02 单击"播放"按钮,预览添加的旅游视频转场特效,如图18-9所示。

图18-9 预览添加的旅游视频转场特效

18.2.4 制作旅游片头特效

在会声会影X10中,可以为旅游视频文件添加片头动画效果,增添影片的观赏性。下面向读者介绍制作旅游片头动画的操作方法。

扫描前言二维码获取文件资源	素材文件	无
	效果文件	无
	视频文件	视频\第18章\18.2.4　制作旅游片头特效.mp4

步骤 01　在"媒体"素材库中选择12.jpg照片素材，按住鼠标左键将其拖曳至覆叠轨中00:00:02:05的位置，打开"编辑"选项面板，在其中选中"应用摇动和缩放效果"复选框，单击该选项下方的下拉按钮，在弹出的列表框中选择所需的动画样式，如图18-10所示。

步骤 02　在预览窗口中将鼠标指针移至覆叠素材右上角的绿色控制拖柄处，按住鼠标左键并拖曳，调整覆叠素材的整体形状，打开"属性"选项面板，在其中单击"淡入动画效果"按钮，在预览窗口中预览制作的覆叠素材淡入动画效果，如图18-11所示。

图18-10　选择所需的动画样式　　　　图18-11　预览制作的覆叠素材淡入动画效果

步骤 03　用与上同样的方法，在覆叠轨中添加其他的照片素材，应用摇动和缩放样式，在片头覆叠素材之间分别添加两个"交叉淡化"转场效果，单击导览面板中的"播放"按钮，即可预览制作的旅游视频片头效果，如图18-12所示。

 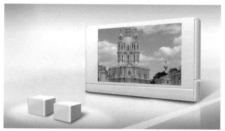

图18-12　预览制作的旅游视频片头效果

18.2.5　制作旅游字幕动画

为视频添加字幕，可以更好地传达创作理念以及所需表达的情感。下面介绍添加视频字幕效果的操作方法，以及为字幕添加滤镜的技巧。

扫描前言二维码获取文件资源	素材文件	无
	效果文件	无
	视频文件	视频\第18章\18.2.5　制作旅游字幕动画.mp4

步骤 01　将时间线移至00:00:02:05的位置，单击"标题"按钮，切换至"标题"选项卡，在预览窗口中的适当位置输入竖排文字"俄国之旅"，在"编辑"选项面板中设置文本的字体属性，如图18-13所示。

🔍 **步骤 02** 在"属性"选项面板中选中"动画"单选按钮和"应用"复选框,设置"选取动画类型"为"弹出",在下方的列表框中选择第1行第1个弹出动画样式,单击"自定义动画属性"按钮▣,弹出"弹出动画"对话框,设置"暂停"选项为"长",如图18-14所示。

图18-13 设置文本的字体属性　　　　　　图18-14 设置文本的动画属性

🔍 **步骤 03** 单击"确定"按钮,即可完成所需设置。参照上述相同方法,在标题轨中的其他位置输入相应的字幕文字,并设置字幕属性、区间、动画效果以及添加所需的滤镜效果等,单击导览面板中的"播放"按钮,即可预览视频中的标题字幕动画效果,如图18-15所示。

图18-15 预览视频中的标题字幕动画效果

18.3 视频后期处理

通过影视后期处理,可以为影片添加各种音乐及特效,使影片更具珍藏价值。本节主要介绍影片的后期编辑与输出,包括制作视频的背景音乐特效和输出为视频文件的操作方法。

◀ 18.3.1 制作视频背景音效 ▶

为视频添加合适的背景音乐,可以使制作的视频更具吸引力。下面介绍制作视频背景音乐的操作方法。

扫描前言二维码获取文件资源	素材文件	无
	效果文件	无
	视频文件	视频\第18章\18.3.1　制作视频背景音效.mp4

🔍 **步骤 01**　将时间线移至素材的开始位置，在"媒体"素材库中将"片头音乐.mp3"音频文件拖曳至音乐轨中的开始位置，并设置"区间"为00:00:09:13，如图18-16所示。

🔍 **步骤 02**　用与上同样的方法，将"媒体"素材库中的"静谧.mp3"音频文件拖曳至音乐轨中的"片头音乐.mp3"文件后面，打开"音乐和声音"选项面板，在其中设置"区间"为00:00:51:08，单击"淡出"按钮，如图18-17所示，设置音频淡出特效，设置完成后，单击导览面板中的"播放"按钮，预览视频效果并试听音频效果。

图18-16　设置素材"区间"　　　　　　图18-17　单击"淡出"按钮

18.3.2 渲染输出旅游视频

完成前面的操作后，就可以将所制作的视频输出，下面介绍将制作的视频进行渲染与输出的操作方法。

扫描前言二维码获取文件资源	素材文件	无
	效果文件	效果\第18章\旅游专题——《俄国之旅》.mpg
	视频文件	视频\第18章\18.3.2　渲染输出旅游视频.mp4

🔍 **步骤 01**　切换至"共享"步骤面板，在其中选择MPEG-2选项，在"配置文件"下拉列表中选择第2个选项，如图18-18所示。

🔍 **步骤 02**　在下方面板中设置"文件名"和"文件位置"，设置完成后，单击"开始"按钮，如图18-19所示，即可开始渲染输出视频文件。

 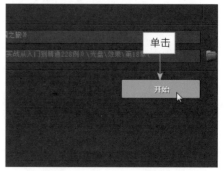

图18-18　选择第2个选项　　　　　　图18-19　单击"开始"按钮

金色童年

好奇宝宝

喜笑颜开

第19章

儿童相册——《金色童年》

学习提示

　　宝宝还在襁褓中的时光，对父母来说都非常具有纪念价值，是一生难忘的回忆。想要通过影片记录下这些美好的时刻，除了必要的拍摄技巧外，视频画面的后期处理也很重要。本章主要向读者介绍儿童视频相册的制作方法，希望读者学完以后可以举一反三，制作出更多漂亮的儿童电子相册视频效果。

 CLEAR　 SUBMIT

活泼乖巧

调皮可爱

茁壮成长 健康快乐

本章重点导航

- 19.1.1 实例效果欣赏　　　19.2.3 制作视频画中画特效
- 19.1.2 实例技术点睛　　　19.2.4 制作儿童视频字幕特效
- 19.2.1 导入儿童媒体素材　19.3.1 制作视频背景音效
- 19.2.2 制作丰富的背景动画　19.3.2 渲染输出儿童视频

 CLEAR　　SUBMIT

19.1 实例分析

在制作《金色童年》视频效果之前，首先预览项目效果，并掌握项目技术提炼等内容。

◀ 19.1.1 ▮ 实例效果欣赏 ▶

本实例介绍制作儿童相册——《金色童年》，效果如图19-1所示。

图19-1 《金色童年》视频效果

◀ 19.1.2 ▮ 实例技术点睛 ▶

首先进入会声会影X10编辑器，在视频轨中添加需要的儿童视频素材，在视频素材之间添加转场过渡特效，制作视频片头文字动画，并为视频制作覆叠画中画特效，然后根据影片的需要制作片尾字幕特效，最后添加音频特效，并将影片渲染输出。

19.2 制作视频效果

本节主要介绍《金色童年》视频文件的制作过程，如导入儿童媒体素材、制作儿童视频背景画面、制作儿童视频片头特效、制作视频覆叠遮罩特效及制作视频片尾字幕特效等内容。

19.2.1 导入儿童媒体素材

在编辑儿童素材之前，首先需要导入儿童媒体素材。下面以通过"插入媒体文件"命令为例，介绍导入儿童媒体素材的操作方法。

扫描前言二维码 获取文件资源	素材文件	素材\第19章文件夹
	效果文件	无
	视频文件	视频\第19章\19.2.1 导入儿童媒体素材.mp4

步骤 01 进入会声会影编辑器，在"媒体"素材库中新建一个"文件夹"素材库，在右侧的空白位置单击鼠标右键，在弹出的快捷菜单中选择"插入媒体文件"命令，如图19-2所示。

步骤 02 执行操作后，弹出"浏览媒体文件"对话框，在其中选择需要导入的媒体素材，单击"打开"按钮，即可将素材导入"文件夹"选项卡中，如图19-3所示。

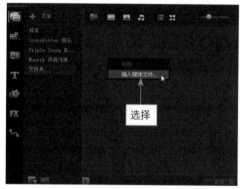

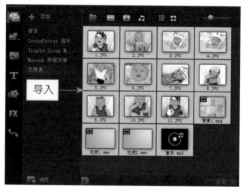

图19-2 选择"插入媒体文件"命令　　图19-3 将素材导入"文件夹"选项卡中

19.2.2 制作丰富的背景动画

将儿童素材导入"媒体"素材库的"文件夹"选项卡中后，接下来用户可以将视频文件添加至视频轨中，制作儿童背景视频画面效果。

扫描前言二维码 获取文件资源	素材文件	无
	效果文件	无
	视频文件	视频\第19章\19.2.2 制作丰富的背景动画.mp4

步骤 01 在"文件夹"选项卡中依次选择"视频1""背景1"和"视频2"视频素材，按住鼠标左键将其拖曳至视频轨中，在视频轨中选择"视频1"素材并设置其"区间"为00:00:07:10，然后通过"速度/时间流逝"更改"背景1"素材的"新素材区间"为0:0:31:0、"视频2"素材的"新素材区间"为0:0:10:0，如图19-4所示。

步骤 02 在视频轨中的第1段视频和第2段视频之间、第2段视频和第3段视频之间，分别添加"交叉淡化"转场效果，选择第1段视频，进入"属性"选项面板，选中"变形素材"复选框，在预览窗口中拖曳素材四周的控制柄，调整视频素材的大小，如图19-5所示。用与上同样的方法，调整第3段视频素材的大小。

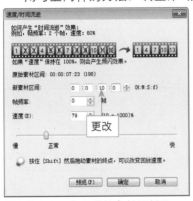

图19-4 更改"新素材区间"

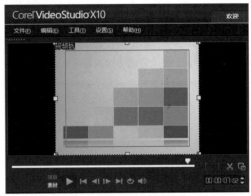

图19-5 调整视频素材的大小

19.2.3 制作视频画中画特效

在会声会影X10中，用户可以在覆叠轨中添加多个覆叠素材，制作儿童视频的画中画特效，增添影片的观赏性。下面向读者介绍制作儿童视频画中画特效的操作方法。

扫描前言二维码获取文件资源	素材文件	无
	效果文件	无
	视频文件	视频\第19章\19.2.3 制作视频画中画特效.mp4

步骤 01 将时间线移至00:00:03:20的位置，在覆叠轨中添加1.jpg素材，在"编辑"选项面板中选中"应用摇动和缩放"复选框，在下方的下拉列表中选择第1行第3个摇动样式，在"属性"选项面板中单击"淡入动画效果"按钮，设置覆叠素材的淡入动画效果，然后为覆叠素材设置相应的遮罩帧样式，如图19-6所示。

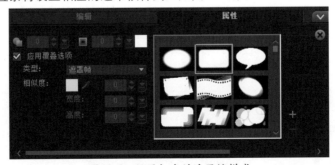

图19-6 设置相应的遮罩帧样式

步骤 02　在预览窗口中调整覆叠素材的大小和位置，然后将时间线移至00:00:07:10的位置，将2.jpg至11.jpg素材依次添加至覆叠轨中，在预览窗口中调整覆叠素材的大小。用与上同样的方法，为素材添加摇动和缩放效果及遮罩样式，单击导览面板中的"播放"按钮，即可在预览窗口中预览制作的视频画中画特效，如图19-7所示。

图19-7　预览制作的视频画中画特效

19.2.4　制作儿童视频字幕特效

在会声会影X10中，为儿童视频制作字幕动画效果，可以通过文字传递用户所要表达的信息。下面介绍制作儿童视频字幕特效的操作方法。

扫描前言二维码获取文件资源	素材文件	无
	效果文件	无
	视频文件	视频\第19章\19.2.4　制作儿童视频字幕特效.mp4

步骤 01　将时间线移至00:00:00:10的位置，单击"标题"按钮，切换至"标题"选项卡，在预览窗口中的适当位置输入文字"金色童年"，在"编辑"选项面板中设置字幕"区间"为00:00:06:10，并设置文本的字体属性，如图19-8所示。

步骤 02　切换至"属性"选项面板，选中"动画"单选按钮和"应用"复选框，设置"选取动画类型"为"摇摆"，在下方的列表框中选择第1行第2个动画样式，在导览面板中调整字幕的暂停区间，如图19-9所示。

图19-8　设置文本属性　　图19-9　调整字幕的暂停区间

步骤 03　参照上述相同的方法，在标题轨中的其他位置输入相应的字幕文字，并设置字幕属性、区间以及动画效果等，单击导览面板中的"播放"按钮，即可预览制作的儿童视频字幕特效，如图19-10所示。

图19-10　预览制作儿童视频字幕特效

19.3 影片后期处理

通过后期处理，不仅可以对儿童视频的原始素材进行合理编辑，而且可以为影片添加各种音乐及特效，使影片更具珍藏价值。本节主要介绍影片的后期编辑与输出，包括制作儿童视频的音频特效和输出视频文件等内容。

19.3.1 制作视频背景音效

在会声会影X10中，为影片添加音频文件，在音频文件上应用淡入淡出效果，可以增加影片的吸引力。下面介绍制作儿童视频的背景音乐特效的操作方法。

扫描前言二维码 获取文件资源	素材文件	素材\第19章\音乐.mp3
	效果文件	无
	视频文件	视频\第19章\19.3.1　制作视频背景音效.mp4

🔍 **步骤 01** 在时间轴面板中将时间线移至开始位置，在"文件夹"选项卡中选择"音乐.mp3"音频素材并添加到音乐轨中，将时间线移至00:00:46:10的位置，选择音频素材，单击鼠标右键，在弹出的快捷菜单中选择"分割素材"命令，如图19-11所示，即可将音频分割为两段，选择后段音频素材，按【Delete】键进行删除操作。

🔍 **步骤 02** 选择剪辑后的音频素材，单击鼠标右键，在弹出的快捷菜单中选择"淡入"命令，设置音频淡入特效，继续在音频素材上单击鼠标右键，在弹出的快捷菜单中选择"淡出"命令，设置音频淡出特效，如图19-12所示。至此，完成音频素材的添加和剪辑操作。

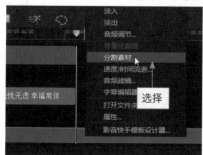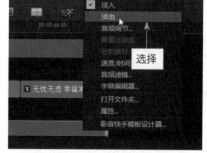

图19-11　选择"分割素材"命令　　　　图19-12　选择"淡出"命令

19.3.2 渲染输出儿童视频

创建并保存视频文件后，用户即可对其进行渲染输出。渲染时间根据编辑项目的长短以及计算机配置的高低而略有不同。下面介绍输出儿童视频文件的操作方法。

扫描前言二维码获取文件资源	素材文件	无
	效果文件	效果\第19章\儿童相册——《金色童年》.mpg
	视频文件	视频\第19章\19.3.2　渲染输出儿童视频.mp4

步骤 01 切换至"共享"步骤面板，在其中选择MPEG-2选项，在"配置文件"下拉列表中选择第2个选项，在下方面板中单击"文件位置"右侧的"浏览"按钮，如图19-13所示，在弹出的"浏览"对话框中设置文件的保存位置和名称。

步骤 02 设置完成后，返回会声会影"共享"步骤面板，单击"开始"按钮，开始渲染视频文件，并显示渲染进度，如图19-14所示，渲染完成后，即可完成影片文件的渲染输出。

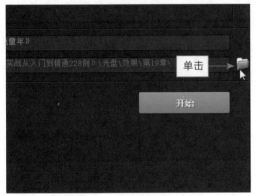

图19-13　单击"浏览"按钮

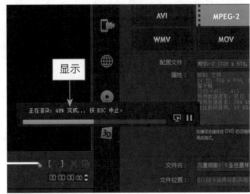

图19-14　显示渲染进度

第20章

婚纱影像——《执子之手》

学习提示

　　爱情是人与人之间强烈的依恋、亲近、向往，以及无私专一并且无所尽其心的情感。当爱情上升到一定程度后，相爱的两个人会步入婚姻的殿堂。在结婚之前，情侣们都会拍摄婚纱照，作为一段感情的见证。本章主要向读者介绍制作婚纱影像视频的操作方法，希望读者熟练掌握本章内容。

由相遇到相知
由相知到相爱
由相爱到相濡以沫
牵手，让生命之花怒放
相伴，让生活美满幸福

本章重点导航

- 20.1.1 实例效果欣赏　　　20.2.4 制作视频片头字幕特效
- 20.1.2 实例技术点睛　　　20.2.5 制作视频主体画面字幕特效
- 20.2.1 导入婚纱媒体素材　　20.3.1 制作视频背景音效
- 20.2.2 制作婚纱背景画面　　20.3.2 渲染输出视频文件
- 20.2.3 制作视频画中画特效

20.1 实例分析

在制作《执子之手》视频效果之前，首先预览项目效果，并掌握项目技术提炼等内容。

20.1.1 实例效果欣赏

本实例介绍制作婚纱影像——《执子之手》，效果如图20-1所示。

图20-1 《执子之手》视频效果

20.1.2 实例技术点睛

首先进入会声会影X10编辑器，在视频轨中添加需要的婚纱影像素材，为照片素材制作画中画特效，并添加摇动效果，然后根据影片的需要制作字幕特效，最后添加音频特效，并将影片渲染输出。

20.2 制作视频效果

本节主要介绍《执子之手》视频文件的制作过程，如导入婚纱媒体素材、制作婚纱视频背景画面、制作视频画中画特效、制作视频片头字幕特效、制作视频主体画面字幕等内容，希望读者熟练掌握婚纱视频效果的各种制作方法。

20.2.1 导入婚纱媒体素材

在编辑婚纱素材之前，首先需要导入婚纱影像媒体素材。下面以通过"插入媒体文件"命令为例，介绍导入婚纱媒体素材的操作方法。

扫描前言二维码 获取文件资源	素材文件	素材\第20章文件夹
	效果文件	无
	视频文件	视频\第20章\20.2.1　导入婚纱媒体素材.mp4

🔍步骤 01　进入会声会影编辑器，在"媒体"素材库中新建一个"文件夹"素材库，在右侧的空白位置单击鼠标右键，在弹出的快捷菜单中选择"插入媒体文件"命令，如图20-2所示。

🔍步骤 02　弹出"浏览媒体文件"对话框，在其中选择需要插入的婚纱媒体素材文件，单击"打开"按钮，即可将素材导入"文件夹"选项卡中，如图20-3所示。

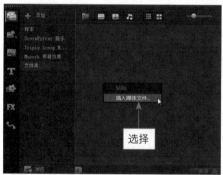
图20-2　选择"插入媒体文件"命令

图20-3　导入"文件夹"选项卡中

20.2.2 制作婚纱背景画面

将婚纱素材导入"媒体"素材库的"文件夹"选项卡中后，接下来用户可以将视频文件添加至视频轨中，制作婚纱背景视频画面效果。

扫描前言二维码 获取文件资源	素材文件	无
	效果文件	无
	视频文件	视频\第20章\20.2.2　制作婚纱背景画面.mp4

在"文件夹"选项卡中依次选择"视频1"和"视频2"视频素材,按住鼠标左键将其拖曳至故事板中,如图20-4所示。

步骤 02 切换至时间轴视图,在"视频2"素材的最后位置添加"淡化到黑色"转场效果,如图20-5所示。

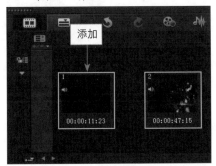

图20-4 添加视频素材   图20-5 添加"淡化到黑色"转场

20.2.3 制作视频画中画特效

在会声会影X10中,用户可以通过覆叠轨道制作婚纱视频的画中画特效。下面介绍制作婚纱视频画中画效果的操作方法。

扫描前言二维码获取文件资源	素材文件	无
	效果文件	无
	视频文件	视频\第20章\20.2.3 制作视频画中画特效.mp4

步骤 01 将时间线移至00:00:07:23的位置,在覆叠轨中添加1.jpg素材,并设置覆叠素材的区间为00:00:04:00,在预览窗口中调整覆叠素材的位置和大小,如图20-6所示。

步骤 02 在"编辑"选项面板中选中"应用摇动和缩放"复选框,在下方的下拉列表中选择第1行第1个摇动样式,在"属性"选项面板中单击"淡入动画效果"按钮,设置覆叠素材的淡入动画效果,然后为覆叠素材设置相应的遮罩帧样式,如图20-7所示。

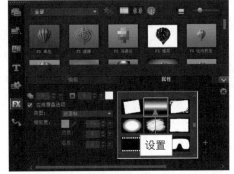

图20-6 调整覆叠素材的位置和大小   图20-7 设置相应的遮罩帧样式

步骤 03 将时间线移至00:00:11:23的位置,将2.jpg至10.jpg素材依次添加至覆叠轨中,在预览窗口中调整覆叠素材的大小,用与上同样的方法,为素材添加摇动和缩放效果及遮罩样式,单击导览面板中的"播放"按钮,即可在预览窗口中预览制作的视频画中画特效,如图20-8所示。

图20-8　预览制作的视频画中画特效

20.2.4 ┃ 制作视频片头字幕特效

在会声会影X10中，为婚纱视频的片头制作字幕动画效果，可以使视频主题明确，传达用户需要的信息。下面介绍制作视频片头字幕特效的操作方法。

扫描前言二维码获取文件资源	素材文件	无
	效果文件	无
	视频文件	视频\第20章\20.2.4　制作视频片头字幕特效.mp4

步骤 01　将时间线移至00:00:01:20位置，在预览窗口中输入"《执子之手》"，在"编辑"选项面板中设置字幕"区间"为00:00:01:00，并设置文本的字体属性，如图20-9所示。

步骤 02　单击"边框/阴影/透明度"按钮，在弹出的对话框中选中"外部边界"复选框，设置"边框宽度"为4.0、"线条色彩"为红色，切换至"阴影"选项卡，单击"突起阴影"按钮，设置X为5.0、Y为5.0、"突起阴影色彩"为黑色，如图20-10所示。

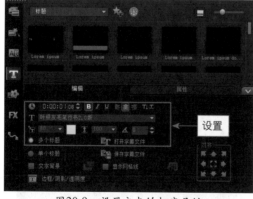

图20-9　设置文本的相应属性

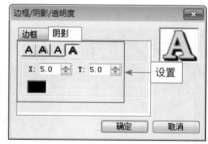

图20-10　设置相应属性

步骤 03　设置完成后，单击"确定"按钮，切换至"属性"选项面板，选中"动画"单选按钮和"应用"复选框，设置"选取动画类型"为"下降"，在下方选择第1行第2个淡化样式，如图20-11所示。

步骤 04　将制作的标题字幕复制到右侧合适位置，并设置字幕区间为00:00:04:20，在"属性"选项面板中取消选中"应用"复选框，取消字幕动画效果，在预览窗口中可以查看制作的视频片头字幕效果，如图20-12所示。

图20-11　选择下降样式

图20-12　查看制作的视频片头字幕效果

◀ **20.2.5 制作视频主体画面字幕特效** ▶

在会声会影X10中，为婚纱视频制作主体画面字幕动画效果，可以丰富视频画面的内容，增强视频画面感。下面介绍制作视频主体画面字幕特效的操作方法。

扫描前言二维码获取文件资源	素材文件	无
	效果文件	无
	视频文件	视频\第20章\20.2.5　制作视频主体画面字幕特效.mp4

🔍**步骤 01** 在标题轨中将上一例制作的标题字幕文件复制到标题轨的右侧，更改字幕内容为"幸福新娘"，在"编辑"选项面板中设置"字体"为"方正大标宋简体"、"字体大小"为50、"色彩"为白色，单击"粗体"按钮，并分别调整字幕的区间为00:00:01:00、00:00:03:00，单击"边框/阴影/透明度"按钮，在弹出的对话框中设置"边框宽度"为5.0、"线条色彩"为红色，在预览窗口中可以预览制作的字幕效果，如图20-13所示。

🔍**步骤 02** 用与上同样的方法，在标题轨中对字幕文件进行多次复制操作，然后更改字幕的文本内容和区间长度，在预览窗口中调整字幕的摆放位置，制作完成后，单击"播放"按钮，预览字幕动画效果，如图20-14所示。

图20-13　预览制作的字幕效果

图20-14　预览字幕动画效果

20.3　影片后期处理

通过后期处理，可以为影片添加各种音乐及特效，使影片更具珍藏价值。本节主要介绍制作婚纱影像视频的音频特效和输出视频文件等内容。

20.3.1 ▏制作视频背景音效

在会声会影X10中，为影片添加音频文件，在音频文件上应用淡入淡出效果，可以增加影片的吸引力。下面介绍制作婚纱视频的背景音乐特效的操作方法。

扫描前言二维码 获取文件资源	素材文件	无
	效果文件	无
	视频文件	视频\第20章\20.3.1 制作视频背景音效.mp4

步骤 01 将时间线移至视频的开始位置，在"媒体"素材库中将"音乐.mp3"音频文件拖曳至音乐轨中的开始位置，并设置音频"区间"为00:00:59:13，如图20-15所示。

步骤 02 打开"音乐和声音"选项面板，单击"淡入"和"淡出"按钮，如图20-16所示，设置音频淡入淡出特效，单击导览面板中的"播放"按钮，预览视频效果并试听音频效果。

图20-15 设置音频"区间"   图20-16 单击相应按钮

20.3.2 ▏渲染输出视频文件

通过"共享"步骤选项面板，可以将编辑完成的影片进行渲染以及输出成视频文件。

扫描前言二维码 获取文件资源	素材文件	无
	效果文件	效果\第20章\婚纱影像——《执子之手》.mpg
	视频文件	视频\第20章\20.3.2 渲染输出视频文件.mp4

步骤 01 切换至"共享"步骤面板，在其中选择MPEG-2选项，在"配置文件"下拉列表中选择第2个选项，如图20-17所示。

步骤 02 在下方面板中设置"文件名"和"文件位置"，设置完成后，单击"开始"按钮，如图20-18所示，即可开始渲染输出视频文件。

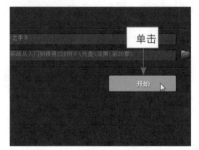

图20-17 选择第2个选项   图20-18 单击"开始"按钮

45个会声会影问题解答

1. **打开会声会影项目文件时，为什么会提示找不到链接，但是素材文件还在，这是为什么呢？**

答：这是因为会声会影项目文件路径方式都是绝对路径（只能记忆初始的文件路径），移动素材或者重命名文件，都会使项目文件丢失路径。只要用户不去移动素材或者重命名，是不会出现这个现象的。如果用户移动了素材或者进行了重命名，只需要找到源素材进行重新链接就可以了。

2. **在会声会影X10中，如何在"媒体"素材库中以列表的形式显示图标？**

答：在会声会影X10的"媒体"素材库中，软件默认状态下以图标的形式显示各导入的素材文件，如果用户需要以列表的形式显示，此时只需单击界面上方的"列表视图"按钮，即可以列表显示素材。

3. **在会声会影的时间轴面板中，如何添加多个覆叠轨道？**

答：只需在覆叠轨图标上单击鼠标右键，在弹出的快捷菜单中选择"轨道管理器"命令，在其中选择需要显示的轨道复选框，然后单击"确定"按钮即可。

4. **如何查看会声会影素材库中的文件在视频轨中是否已经使用了？**

答：当用户将素材库中的素材拖曳至视频轨中进行应用后，此时素材库中相应素材的右上角将显示一个对号符号，表示该素材已经被使用了，可以帮助用户很好地对素材进行管理。

5. **如何添加软件自带的多种图像、视频以及音频媒体素材？**

答：在以前的会声会影版本中，软件自带的媒体文件都显示在软件中，而当用户安装好会声会影X10后，默认状态下"媒体"素材库中是没有自带的图像或视频文件，此时用户需要启动安装文件中的Autorun.exe应用程序，打开相应面板，在其中单击"赠送内容"超链接，在弹出的列表框中选择"图像素材""音频素材"或"视频素材"后，即可进入相应文件夹，选择素材将其拖曳至媒体素材库中，即可添加软件自带的多种媒体素材。

6. **会声会影X10是否适合Windows 10系统？**

答：到目前为止，会声会影X10是完美适配于Windows 10系统的，会声会影X10同时也完美兼容Windows 8、Windows 7等系统。

7. 在会声会影X10中，系统默认的图像区间为3秒，这种默认设置能修改吗？

答：可以修改，只需要单击"文件"|"参数选择"命令，弹出"参数选择"对话框，在"编辑"选项卡的"默认照片/色彩区间"数值框中输入需要设置的数值，单击"确定"按钮，即可更改默认的参数。

8. 当用户在时间轴面板中添加多个轨道和视频文件时，上方的轨道会隐藏下方添加的轨道，只有滚动控制条才能显示预览下方的轨道，此时如何在时间轴面板中显示全部轨道信息呢？

答：显示全部轨道信息的方法很简单，用户只需单击时间轴面板上方的"显示全部可视化轨道"按钮，即可显示全部轨道。

9. 在会声会影X10中，如何获取软件的更多信息或资源？

答：单击"转场"按钮，切换至"转场"素材库，单击面板上方的"获取更多信息"按钮，在弹出的面板中用户可根据需要对相应素材进行下载操作。

10. 在会声会影X10中，如何在预览窗口中显示标题安全区域？

答：只有设置显示标题安全区域，才知道标题字幕是否出界，单击"设置"|"参数选择"命令，弹出"参数选择"对话框，在"预览窗口"选项区中选中"在预览窗口中显示标题安全区域"复选框，即可显示标题安全区域。

11. 在会声会影X10中，为什么在AV连接摄像机时采用会声会影的DV转DVD向导模式时，无法扫描摄像机？

答：此模式只有在通过DV连接（1394）摄像机以及USB接口的情况下才能使用。

12. 在会声会影X10中，为什么在DV中采集视频的时候是有声音的，而将视频采集到会声会影界面中后，没有DV视频的背景声音？

答：有可能是音频输入设置错误。在小喇叭按钮处单击鼠标右键，在弹出的快捷菜单中选择"录音设备"命令，在弹出的"声音"对话框中调整线路输入的音量，单击"确定"按钮后，即可完成声音设置。

13. 在会声会影X10中，怎样将修整后的视频保存为新的视频文件？

答：通过菜单栏中的"文件"|"保存修整后的视频"命令，保存修整后的视频，新生成的视频就会显示在素材库中。在制作片头和片尾时，需要的片段可以用这种方法逐段分别生成后再使用。把选定的视频素材文件拖曳至视频轨上，通过渲染，加工输出为新的视频文件。

14. 当用户采集视频时，为何提示"正在进行DV代码转换，按Esc键停止"等信息？

答：这有可能是因为用户的计算机配置过低，例如硬盘转速低、CPU主频低或者内存太小等原因所造成的。还有用户在捕获DV视频时，建议将杀毒软件和防火墙关闭，同时停止所有后台运行的程序，这样可以提高计算机的运行速度。

15. 在会声会影X10中，色度键的功能如何正确应用？

答：色度键的作用是指抠像技术，主要针对单色（白、蓝等）背景进行抠像操作。用户可以先将需要抠像的视频或图像素材拖曳至覆叠轨上，在选项面板中单击"遮罩和色度键"按钮，在弹出的面板中选中"覆叠选项"复选框，然后使用吸管工具在需要采集的单色背景上单击鼠标左键采集颜色，即可进行抠图处理。

16. 在会声会影X10中，为什么刚装好的软件自动音乐功能不能用？

答：因为Quicktracks音乐必须要有QuickTime软件才能正常运行。所以用户在安装会声会影软件时，最好先安装最新版本的QuickTime软件，这样安装好会声会影X10后，自动音乐功能就可以使用了。

17.　在会声会影X10中选择字幕颜色时，为什么选择的红色有偏色现象？

答：这是因为用户使用了色彩滤镜的原因，用户可以按【F6】键，弹出"参数选择"对话框，进入"编辑"选项卡，在其中取消选择"应用色彩滤镜"复选框，即可消除红色偏色的现象。

18.　在会声会影X10中，为什么无法把视频直接拖曳至多相机编辑器视频轨中？

答：在多相机编辑器中，用户不能直接将视频拖曳至多相机编辑器中，只能在需要添加视频的视频轨道上单击鼠标右键，在弹出的快捷菜单中选择"导入源"命令，然后在弹出的对话框中选择需要导入的视频素材，单击"确定"按钮，即可将视频导入多相机编辑器视频轨中。

19.　会声会影如何将两个视频合成为一个视频？

答：将两个视频依次导入会声会影X10中的视频轨上，然后切换至"共享"步骤面板，渲染输出后，即可将两个视频合成为一个视频文件。

20.　摄像机和会声会影X10之间为什么有时会失去连接？

答：有些摄像机可能会因为长时间无操作而自动关闭。因此常会发生摄像机和会声会影之间失去连接的情况。出现这种情况后，用户只需要重新打开摄像机电源以建立连接即可。无须关闭与重新打开会声会影，因为该程序可以自动检测捕获设备。

21.　如何设置覆叠轨上素材的淡入淡出时间？

答：首先选中覆叠轨中的素材，在选项面板中设置动画的淡入和淡出特效，然后调整导览面板中两个暂停区间的滑块位置，即可调整素材的淡入淡出时间。

22.　为什么会声会影无法精确定位时间码？

答：在某个时间码处捕获视频或定位磁带时，会声会影有时可能会无法精确定位时间码，甚至可能导致程序自行关闭。发生这种情况时，可能需要关闭程序，或者通过时间码手动输入需要采集的视频位置进行精确定位。

23.　在会声会影X10中，可以调整图像的色彩吗？

答：可以，用户只须选择需要调整的图像素材，在"照片"选项面板中单击"色彩校正"按钮，在弹出的面板中可以自由更改图像的色彩画面。

24.　在会声会影X10中，色度键中的吸管工具如何使用？

答：与Photoshop中的吸管工具使用方法相同，用户只须在"遮罩和色度键"选项面板中选中吸管工具，然后在需要吸取的图像颜色位置单击鼠标左键，即可吸取图像颜色。

25.　如何利用会声会影X10制作一边是图像一边是文字的放映效果？

答：首先拖曳一张图片素材到视频轨，播放的视频放在覆叠轨，调整大小和位置；在标题轨中输入需要的文字，调整文字的大小和位置，即可制作图文画面特效。

26.　在会声会影X10中，为什么无法导入AVI文件？

答：可能是因为会声会影不完全支持所有的视频格式编码，所以出现了无法导入AVI文件的情况，此时要进行视频格式的转换操作，最好转换为MPG或MP4的视频格式。

27.　在会声会影X10中，为什么无法导入RM文件？

答：因为会声会影X10并不支持RM、RMVB格式的文件。

28.　在会声会影X10中，为什么有时打不开MP3格式的音乐文件呢？

答：这有可能因为该文件的位速率较高，用户可以使用转换软件来降低音乐文件的速率，这样就可以顺利地将MP3音频文件导入会声会影中。

29．MLV文件如何导入会声会影X10中？

答：可以将MLV的扩展名改为MPEG，就可以导入会声会影中进行编辑了。另外，对于某些MPEG1编码的AVI，也是不能导入会声会影的，但是扩展名可以改成MPG4，就可以解决该类视频的导入问题了。

30．会声会影X10在导出视频时自动退出，这是什么情况？

答：出现此种情况多数是和第三方解码或编码插件发生冲突造成的，建议用户先卸载第三方解码或编码插件后，再渲染生成视频文件。

31．能否使用会声会影X10刻录 Blu-ray 光盘？

答：在会声会影X10中，用户需要向Corel公司购买蓝光光盘刻录软件，才可以在会声会影中直接刻录蓝光光盘，该项功能需要用户额外付费才能使用。

32．会声会影X10新增的多点运动追踪可以用来做什么？

答：在以前的会声会影版本中，只有单点运动追踪，新增的多点运动追踪可以用来制作人物面部马赛克等效果，该功能十分实用。

33．在制作视频的过程中，如何让视频、歌词、背景音乐进行同步？

答：用户可以先从网上下载需要的音乐文件，下载后用播放软件进行播放，并关联歌词到本地，然后通过转换软件将歌词转换为会声会影能识别的字幕文件，再插入到会声会影中，即可使用。

34．当用户刻录光盘时，提示工作文件夹占用C盘，应该如何处理？

答：在"参数选择"对话框中，如果用户已经更改了工作文件夹的路径，在刻录光盘时用户仍然需要再重新将工作文件夹的路径设定为C盘以外的分区，否则还会提示占用C盘，影响系统和软件的运行速率。

35．VCD光盘能达到卡拉OK时原唱和无原唱切换吗？

答：在会声会影X10中，用户可以将歌曲文件分别放在音乐轨和声音轨中，然后将音乐轨中的声音全部调成左边100%、右边0%，声音轨中的声音则反之，然后进行渲染操作，最好生成MPEG格式的视频文件，这样可以在刻录时掌握码率，做出来的视频文件清晰度有所保证。

36．会声会影X10用压缩方式刻录，会不会影响视频质量？

答：可能会影响视频质量，使用降低码流的方式可以增加时长，但这样做会降低视频的质量。如果对质量要求较高可以将视频分段，刻录成多张光盘。

37．打开会声会影软件时，系统提示"无法初始化应用程序，屏幕的分辨率太低，无法播放视频"，这是什么原因呢？

答：在会声会影X10中，用户只能在大于1024×768的屏幕分辨率下才能运行。

38．如何区分计算机系统是32位还是64位，以此来选择安装会声会影的版本？

答：在桌面的"计算机"图标上单击鼠标右键，在弹出的快捷菜单中选择"属性"命令，在打开的"系统"窗口中即可查看计算机的相关属性。如果用户的计算机是32位系统，则需要选择32位的会声会影X10进行安装。

39．有些情况下，为什么素材之间的转场效果没有显示动画效果？

答：这是因为用户的计算机没有开启硬件加速功能，开启的方法很简单，只需要在桌面上单击鼠标右键，在弹出的快捷菜单中选择"属性"命令，弹出"显示属性"对话框，单击"设置"选项卡，然后单击"高级"按钮，弹出相应对话框，单击"疑难解答"选项卡，然后将"硬件加速"右侧的滑块拖曳至最右边即可。

40. **会声会影X10可以直接放入没编码的AVI视频文件进行视频编辑吗？**

答：不可以的，有编码的才可以导入会声会影中，建议用户先安装相应的AVI格式播放软件或编码器，然后再使用。

41. **会声会影X10默认的色块颜色有限，能否自行修改需要的RGB颜色参数？**

答：可以。用户可以在视频轨中添加一个色块素材，然后在"色彩"选项面板中单击"色彩选取器"色块，在弹出的列表框中选择"Corel色彩选取器"选项，并在弹出的对话框中可以自行设置色块的RGB颜色参数。

42. **在会声会影X10中，可以制作出画面下雪的特效吗？**

答：用户可以在素材上添加"雨点"滤镜，然后在"雨点"对话框中自定义滤镜的参数值，即可制作出画面下雪的特效。

43. **在会声会影X10中，视频画面太暗了，能否调整视频的亮度？**

答：用户可以在素材上添加"亮度和对比度"滤镜，然后在"亮度和对比度"对话框中自定义滤镜的参数值，即可调整视频画面的亮度和对比度。

44. **在会声会影X10中，即时项目模板太少了，可否从网上下载然后导入使用？**

答：用户可以从会声会影官方网站上下载需要的即时项目模板，然后在"即时项目"界面中通过"导入一个项目模板"按钮，将下载的模板导入会声会影界面中，然后再拖曳到视频轨中使用。

45. **如何为视频中的Logo添加马赛克效果？**

答：用户可以通过会声会影X10中的"运动追踪"功能，打开该界面，单击"设置多点跟踪器"按钮，然后设置需要使用马赛克的视频Logo，单击"运动跟踪"按钮，即可对视频中的Logo进行马赛克处理。